안쌤의

STEAM
+창의사고력
수학 100제

초등 6학년

시대에듀

안쌤의
STEAM
+ 창의사고력
수학 100제

초등 6학년

안쌤
영재교육연구소

안쌤 영재교육연구소 학습 자료실
샘플 강의와 정오표 등 여러 가지 학습 자료를 확인하세요~!

이 책을 펴내며

STEAM을 정의하자면 '과학(Science), 기술(Technology), 공학(Engineering), 수학(Mathematics)의 연계 교육을 통해 각 과목의 흥미와 이해 및 기술적 소양을 높이고 예술(Art)을 추가함으로써 융합사고력과 실생활 문제해결력을 배양하는 교육'이라 설명할 수 있습니다. 여기서 STEAM은 과학(S), 기술(T), 공학(E), 인문·예술(A), 수학(M)의 5개 분야를 말합니다.

STEAM은 일상생활에서 마주할 수 있는 내용을 바탕으로 다양한 분야의 지식과 시선으로 학생의 흥미와 창의성을 이끌어 내는 것입니다. 학교에서는 이미 누군가 완성해 놓은 지식과 개념을 정해진 순서에 따라 배워야 합니다. 또한, 지식은 선생님의 강의를 통해 학생들에게 전달되므로 융합형의 내용을 접하기도, 학생들 스스로 창의성을 발휘하기도 어려운 것이 사실입니다.

『STEAM + 창의사고력 수학 100제』를 통해 수학을 바탕으로 다양한 분야의 지식과 STEAM 문제를 접할 수 있습니다. 수학 문제를 통한 수학적 지식뿐만 아니라 현상이나 사실을 수학적으로 분석하고, 추산하며 다양한 아이디어를 내어 창의성을 기를 수 있습니다. 『STEAM + 창의사고력 수학 100제』가 학생들에게 조금 더 쉽고, 재미있게 STEAM을 접할 수 있는 기회가 되었으면 합니다.

영재교육원 선발을 비롯한 여러 평가에서 STEAM을 바탕으로 한 융합사고력과 창의성이 평가의 핵심적인 기준으로 활용되고 있습니다. 이러한 평가에 따른 다양한 내용과 문제를 접해 보는 것은 학생들의 실력을 높이는 데 중요한 경험이 될 것입니다.

> " 아무것도 아닌 것 같은 당연한 사실도
> 수학이라는 안경을 쓰고 보면 새롭게 보인다. "

강의 중 자주 하는 말입니다.
『STEAM + 창의사고력 수학 100제』가 학생들에게 새로운 사실을 보여 주는 안경이 되기를 바랍니다.

안쌤 영재교육연구소 수달쌤 이상호

영재교육원에 대해 궁금해 하는 Q&A

영재교육원 대비로 가장 많이 문의하는 궁금증 리스트와
안쌤의 속~ 시원한 답변 시리즈

No.1 안쌤이 생각하는 대학부설 영재교육원과 교육청 영재교육원의 차이점

Q 어느 영재교육원이 더 좋나요?

A 대학부설 영재교육원이 대부분 더 좋다고 할 수 있습니다. 대학부설 영재교육원은 대학 교수님 주관으로 진행하고, 교육청 영재교육원은 영재 담당 선생님이 진행합니다. 교육청 영재교육원은 기본 과정, 대학부설 영재교육원은 심화 과정, 사사 과정을 담당합니다.

Q 어느 영재교육원이 들어가기 쉽나요?

A 대부분 대학부설 영재교육원이 더 합격하기 어렵습니다. 대학부설 영재교육원은 9~11월, 교육청 영재교육원은 11~12월에 선발합니다. 먼저 선발하는 대학부설 영재교육원에 대부분의 학생들이 지원하고 상대평가로 합격이 결정되므로 경쟁률이 높고 합격하기 어렵습니다.

Q 선발 요강은 어떻게 다른가요?

A

대학부설 영재교육원은 대학마다 다양한 유형으로 진행이 됩니다.	교육청 영재교육원은 지역마다 다양한 유형으로 진행이 됩니다.
1단계 서류 전형으로 자기소개서, 영재성 입증자료 **2단계** 지필평가 (창의적 문제해결력 평가(검사), 영재성판별검사, 창의력검사 등) **3단계** 심층면접(캠프전형, 토론면접 등) 지원하고자 하는 대학부설 영재교육원 요강을 꼭 확인해 주세요.	GED 지원단계 자기보고서 포함 여부 **1단계** 지필평가 (창의적 문제해결력 평가(검사), 영재성검사 등) **2단계** 면접 평가(심층면접, 토론면접 등) 지원하고자 하는 교육청 영재교육원 요강을 꼭 확인해 주세요.

No.2 교재 선택의 기준

Q 현재 4학년이면 어떤 교재를 봐야 하나요?

A 교육청 영재교육원은 선행 문제를 낼 수 없기 때문에 현재 학년에 맞는 교재를 선택하시면 됩니다.

Q 현재 6학년인데, 중등 영재교육원에 지원합니다. 중등 선행을 해야 하나요?

A 현재 6학년이면 6학년과 관련된 문제가 출제됩니다. 중등 영재교육원이라 하는 이유는 올해 합격하면 내년에 중 1이 되어 영재교육원을 다니기 때문입니다.

Q 대학부설 영재교육원은 수준이 다른가요?

A 대학부설 영재교육원은 대학마다 다르지만 1~2개 학년을 더 공부하는 것이 유리합니다.

No.3 지필평가 유형 안내

Q 영재성검사와 창의적 문제해결력 검사는 어떻게 다른가요?

A 과거

영재성 검사		학문적성 검사		창의적 문제해결력 검사
언어창의성 수학창의성 수학사고력 과학창의성 과학사고력	**+**	수학사고력 과학사고력 창의사고력	**=**	수학창의성 수학사고력 과학창의성 과학사고력 융합사고력

현재

영재성 검사	창의적 문제해결력 검사
일반창의성 수학창의성 수학사고력 과학창의성 과학사고력	수학창의성 수학사고력 과학창의성 과학사고력 융합사고력

지역마다 실시하는 시험이 다릅니다.
서울: 창의적 문제해결력 검사
부산: 창의적 문제해결력 검사(영재성검사＋학문적성검사)
대구: 창의적 문제해결력 검사
대전＋경남＋울산: 영재성검사, 창의적 문제해결력 검사

No.4 영재교육원 대비 파이널 공부 방법

Step1 자기인식

자가 채점으로 현재 자신의 실력을 확인해 주세요. 남은 기간 동안 효율적으로 준비하기 위해서는 현재 자신의 실력을 확인해야 합니다. 기간이 많이 남지 않았다면 빨리 지필평가에 맞는 교재를 준비해 주세요.

Step2 답안 작성 연습

지필평가 대비로 가장 중요한 부분은 답안 작성 연습입니다. 모든 문제가 서술형이라서 아무리 많이 알고 있고, 답을 알더라도 답안을 제대로 작성하지 않으면 점수를 잘 받을 수 없습니다. 꼭 답안 쓰는 연습을 해 주세요. 자가 채점이 많은 도움이 됩니다.

안쌤이 생각하는 자기주도형 수학 학습법

변화하는 교육정책에 흔들리지 않는 것이 자기주도형 학습법이 아닐까?
입시 제도가 변해도 제대로 된 학습을 한다면 자신의 꿈을 이루는 데 걸림돌이 되지 않는다!

독서 ▶ 동기 부여 ▶ 공부 스타일로
공부하기 위한 기본적인 환경을 만들어야 한다.

1단계 독서

'빈익빈 부익부'라는 말은 지식에도 적용된다. 기본적인 정보가 부족하면 새로운 정보도 의미가 없지만, 기본적인 정보가 많으면 새로운 정보를 의미 있는 정보로 만들 수 있고, 기본적인 정보와 연결해 추가적인 정보(응용 · 창의)까지 쌓을 수 있다. 그렇기 때문에 먼저 기본적인 지식을 쌓지 않으면 아무리 열심히 공부해도 수학 과목에서 높은 점수를 받기 어렵다. 기본적인 지식을 많이 쌓는 방법으로는 독서와 다양한 경험이 있다. 그래서 입시에서 독서 이력과 창의적 체험활동(www.neis.go.kr)을 보는 것이다.

2단계 동기 부여

인간은 본인의 의지로 선택한 일에 책임감이 더 강해지므로 스스로 적성을 찾고 장래를 선택하는 것이 가장 좋다. 스스로 적성을 찾는 방법은 여러 종류의 책을 읽어서 자기가 좋아하는 관심 분야를 찾는 것이다. 자기가 원하는 분야에 관심을 갖고 기본 지식을 쌓다 보면, 쌓인 기본 지식이 학습과 연관되면서 공부에 흥미가 생겨 점차 꿈을 이루어 나갈 수 있다. 꿈과 미래가 없이 막연하게 공부만 하면 두뇌의 반응이 약해진다. 그래서 시험 때까지만 기억하면 그만이라고 생각하는 단순 정보는 시험이 끝나는 순간 잊어버린다. 반면 중요하다고 여긴 정보는 두뇌를 강하게 자극해 오래 기억된다. 살아가는 데 꿈을 통한 동기 부여는 학습법 자체보다 더 중요하다고 할 수 있다.

3단계 공부 스타일

공부하는 스타일은 학생마다 다르다. 예를 들면, '익숙한 것을 먼저 하고 익숙하지 않은 것을 나중에 하기', '쉬운 것을 먼저 하고 어려운 것을 나중에 하기', '좋아하는 것을 먼저 하고, 싫어하는 것을 나중에 하기' 등 다양한 방법으로 공부를 하다 보면 자신에게 맞는 공부 스타일을 찾을 수 있다. 자신만의 방법으로 공부를 하면 성취감을 느끼기 쉽고, 어떤 일이든지 자신 있게 해낼 수 있다.

어느 정도 기본적인 환경을 만들었다면
이해 - 기억 - 복습의 자기주도형 3단계 학습법으로
창의적 문제해결력을 키우자.

1단계　이해

단원의 전체 내용을 쭉 읽어본 뒤, 개념 확인 문제를 풀면서 중요 개념을 확인해 전체적인 흐름을 잡고 내용 간의 연계(마인드맵 활용)를 만들어 전체적인 내용을 이해한다.
개념을 오래 고민하고 깊이 이해하려고 하는 습관은 스스로에게 질문하는 것에서 시작된다.
[이게 무슨 뜻일까? / 이건 왜 이렇게 될까? / 이 둘은 뭐가 다르고, 뭐가 같을까? / 왜 그럴까?]
막히는 문제가 있으면 먼저 머릿속으로 생각하고, 끝까지 이해가 안 되면 답지를 보고 해결한다. 그래도 모르겠으면 여러 방면(관련 도서, 인터넷 검색 등)으로 이해될 때까지 찾아보고, 그럼에도 이해가 안 된다면 선생님께 여쭤 보라. 이런 과정을 통해서 스스로 문제를 해결하는 능력이 키워진다.

2단계　기억

암기해야 하는 부분은 의미 관계를 중심으로 분류해 전체 내용을 조직한 후 자신의 성격이나 환경에 맞는 방법, 즉 자신만의 공부 스타일로 공부한다. 이때 노력과 반복이 아닌 흥미와 관심으로 시작하는 것이 중요하다. 그러나 흥미와 관심만으로는 힘들 수 있기 때문에 단원과 관련된 수학 개념이 사회 현상이나 기술을 설명하기 위해 어떻게 활용되고 있는지를 알아보면서 자연스럽게 다가가는 것이 좋다.
그리고 개념 이해를 요구하는 단원은 기억 단계를 필요로 하지 않기 때문에 이해 단계에서 바로 복습 단계로 넘어가면 된다.

3단계　복습

수학에서의 복습은 여러 유형의 문제를 풀어 보는 것이다. 이렇게 할 때 교과서에 나온 개념과 원리를 제대로 이해할 수 있을 것이다. 기본 교재(내신 교재)의 문제와 심화 교재(창의사고력 교재)의 문제를 풀면서 문제해결력과 창의성을 키우는 연습을 한다면 수학에서 좋은 점수를 받을 수 있을 것이다.

마지막으로 과목에 대한 흥미를 바탕으로 정서적으로 안정적인 상태에서 낙관적인 태도로 자신감 있게 공부하는 것이 가장 중요하다.

안쌤 영재교육연구소 대표 **안 재 범**

안쌤이 생각하는 영재교육원 대비 전략

1. 학교 생활 관리: 담임교사 추천, 학교장 추천을 받기 위한 기본적인 관리
- 교내 각종 대회 대비 및 창의적 체험활동(www.neis.go.kr) 관리
- 독서 이력 관리: 교육부 독서교육종합지원시스템 운영

2. 흥미 유발과 사고력 향상: 학습에 대한 흥미와 관심을 유발
- 퍼즐 형태의 문제로 흥미와 관심 유발
- 문제를 해결하는 과정에서 집중력과 두뇌 회전력, 사고력 향상

▲ 안쌤의 사고력 수학 퍼즐 시리즈 (총 14종)

3. 교과 선행: 학생의 학습 속도에 맞춰 진행
- '교과 개념 교재 ➡ 심화 교재'의 순서로 진행
- 현행에 머물러 있는 것보다 학생의 학습 속도에 맞는 선행 추천

4. 수학, 과학 과목별 학습
- 수학, 과학의 개념을 이해할 수 있는 문제해결

▲ 안쌤의 STEAM + 창의사고력
　　수학 100제 시리즈
　(초등 1, 2, 3, 4, 5, 6학년)

▲ 안쌤의 STEAM + 창의사고력
　　과학 100제 시리즈
　(초등 1, 2, 3, 4, 5, 6학년)

5. 융합사고력 향상

- 융합사고력을 향상시킬 수 있는 문제해결로 구성

◀ 안쌤의 수·과학 융합 특강

6. 지원 가능한 영재교육원 모집 요강 확인

- 지원 가능한 영재교육원 모집 요강을 확인하고 지원 분야와 전형 일정 확인
- 지역마다 학년별 지원 분야가 다를 수 있음

7. 지필평가 대비

- 평가 유형에 맞는 교재 선택과 서술형 답안 작성 연습 필수

▲ 영재성검사 창의적 문제해결력
모의고사 시리즈
(초등 3~4, 5~6, 중등 1~2학년)

▲ SW 정보영재 영재성검사
창의적 문제해결력 모의고사 시리즈
(초등 3~4, 초등 5~중등 1학년)

8. 탐구보고서 대비

- 탐구보고서 제출 영재교육원 대비

◀ 안쌤의 신박한 과학 탐구보고서

9. 면접 기출문제로 연습 필수

- 면접 기출문제와 예상문제에 자신
만의 답변을 글로 정리하고, 말로
표현하는 연습 필수

◀ 안쌤과 함께하는 영재교육원 면접 특강

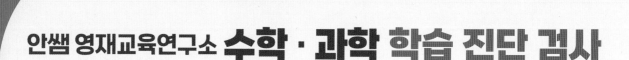

안쌤 영재교육연구소 수학 · 과학 학습 진단 검사

수학 · 과학 학습 진단 검사란?

수학 · 과학 교과 학년이 완료되었을 때 개념이해력, 개념응용력, 창의력, 수학사고력, 과학탐구력, 융합사고력 부분의 학습이 잘 되었는지 진단하는 검사입니다.

영재교육원 대비를 생각하시는 학부모님과 학생들을 위해, 수학 · 과학 학습 진단 검사를 통해 영재교육원 대비 커리큘럼을 만들어 드립니다.

검사지 구성

과학 13문항	• 다답형 객관식 8문항 • 창의력 2문항 • 탐구력 2문항 • 융합사고력 1문항	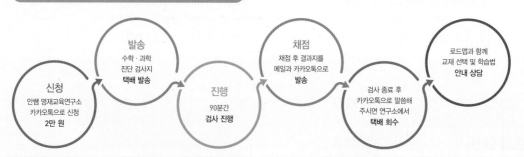
수학 20문항	• 수와 연산 4문항 • 도형 4문항 • 측정 4문항 • 확률/통계 4문항 • 규칙/문제해결 4문항	

수학 · 과학 학습 진단 검사 진행 프로세스

신청
안쌤 영재교육연구소
카카오톡으로 신청
2만 원

발송
수학 · 과학
진단 검사지
택배 발송

진행
90분간
검사 진행

채점
채점 후 결과지를
메일과 카카오톡으로
발송

검사 종료 후
카카오톡으로 말씀해
주시면 연구소에서
택배 회수

로드맵과 함께
교재 선택 및 학습법
안내 상담

수학 · 과학 학습 진단 학년 선택 방법

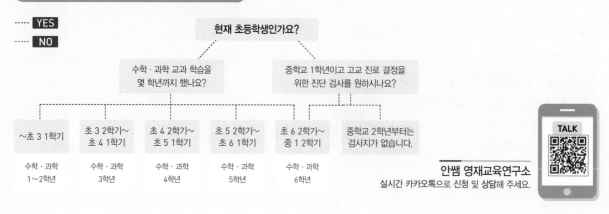

----- YES
----- NO

현재 초등학생인가요?

수학 · 과학 교과 학습을
몇 학년까지 했나요?

중학교 1학년이고 고교 진로 결정을
위한 진단 검사를 원하시나요?

~초 3 1학기	초 3 2학기~ 초 4 1학기	초 4 2학기~ 초 5 1학기	초 5 2학기~ 초 6 1학기	초 6 2학기~ 중 1 2학기	중학교 2학년부터는 검사지가 없습니다.
수학 · 과학 1~2학년	수학 · 과학 3학년	수학 · 과학 4학년	수학 · 과학 5학년	수학 · 과학 6학년	

TALK

안쌤 영재교육연구소
실시간 카카오톡으로 신청 및 상담해 주세요.

이 책의 구성과 특징

✏️ 창의사고력 실력다지기 100제

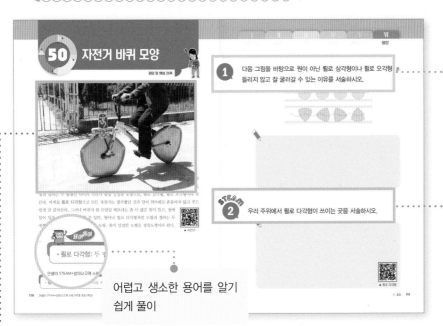

교과사고력 문제로 기본적인 교과 내용을 학습하는 단계

융합사고력 문제로 다양한 아이디어와 원리 탐구를 통해 창의사고력 향상

어렵고 생소한 용어를 알기 쉽게 풀이

실생활에 쉽게 접할 수 있는 상황을 이용해 흥미 유발

✏️ 영재성검사 창의적 문제해결력 기출문제

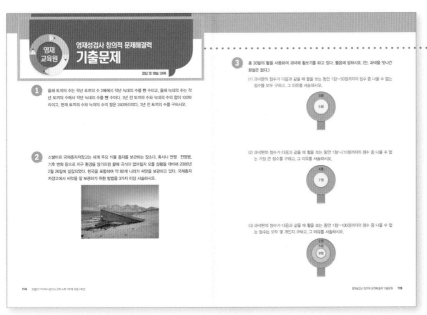

- 교육청 · 대학 · 과학고 부설 영재교육원 영재성검사, 창의적 문제해결력 평가 최신 기출문제 수록
- 영재교육원 선발 시험의 문제 유형과 출제 경향 예측

이 책의 차례

I

수와 연산

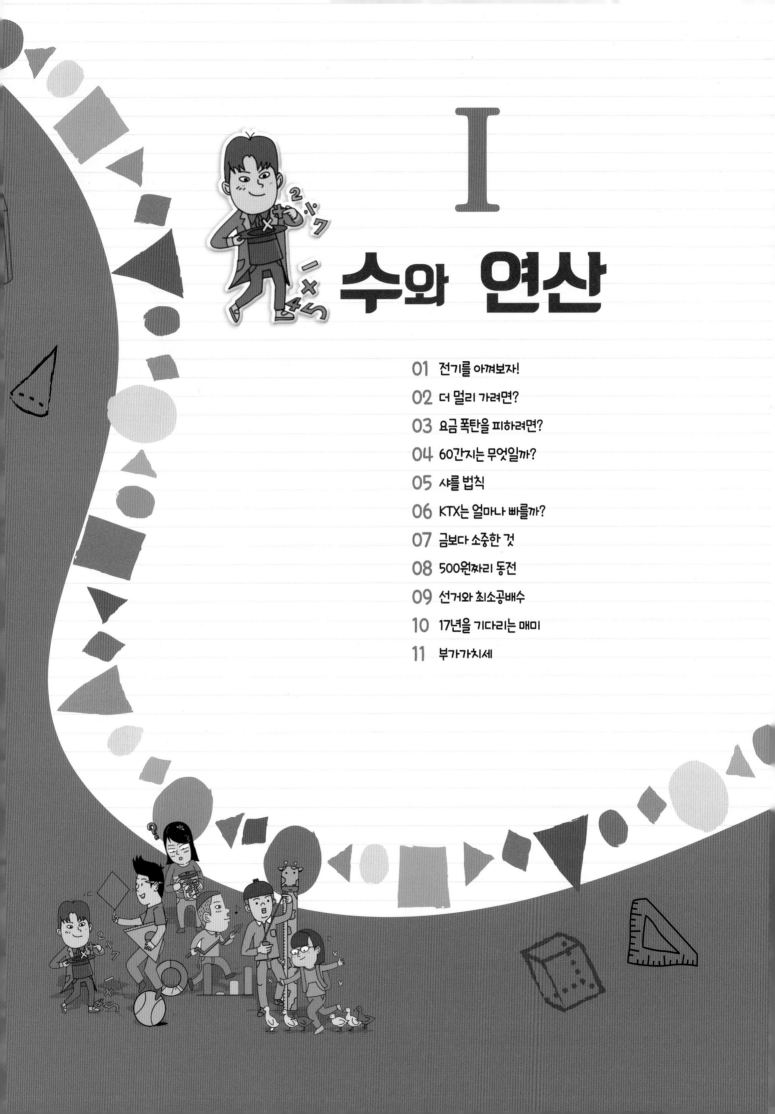

전기를 아껴보자!

정답 및 해설 02쪽

한여름 무더위를 견딜 수 있도록 도와주는 선풍기와 에어컨, 어떻게 사용해야 전기를 아낄 수 있을까? 에어컨 1대의 월간 소비 전력량은 253.8 kWh이고, 선풍기 1대의 월간 소비 전력량은 28.2 kWh로 에어컨이 선풍기보다 훨씬 많은 전기를 소모한다. 폭염이 계속되는 경우 에어컨과 선풍기를 번갈아 사용하면 연속 냉방 효과를 얻어 전기를 아낄 수 있다. 또한, 에어컨을 약하게 틀어 놓고 선풍기를 함께 사용하는 것도 전기를 아낄 수 있는 좋은 방법이다.

▲ 전기 절약

 용어풀이

- kWh(킬로와트시): 전력량의 단위로, 1 kWh는 1 Wh(와트시)의 1000배이다.

1 에어컨과 선풍기를 번갈아 사용할 때 월간 소비 전력량은 203.04 kWh이다. 에어컨과 선풍기를 번갈아 사용할 때 월간 소비 전력량은 에어컨 1대만 사용했을 때 월간 소비 전력량의 몇 배인지 계산하시오.

2 전기를 사용하지 않고 더위를 피할 수 있는 방법 3가지를 이유와 함께 서술하시오.

정답 및 해설 02쪽

자동차의 연료는 휘발유(가솔린), 경유(디젤), 액화 가스(LPG, LNG) 등 여러 가지가 있다. 연료 1 L를 사용해 달릴 수 있는 거리는 자동차의 종류와 연료의 종류에 따라 각각 다르다. 자동차의 연비는 단위 연료당(1 L) 자동차가 달린 거리의 비, 즉 (이동한 거리)÷(사용된 연료의 양)으로 구할 수 있다. 연비가 높은 자동차일수록 적은 연료로 먼 거리를 갈 수 있으며, 같은 거리를 이동하는 데 사용되는 연료가 적다. 요즘에는 연료와 전기를 함께 사용하는 **하이브리드 자동차**나 전기만 사용하는 전기 자동차도 등장하고 있다. 특히 전기를 연료로 사용하는 자동차는 연료비도 적게 들 뿐만 아니라 환경오염도 줄일 수 있어 미래의 친환경 자동차로 주목받고 있다.

▲ 연비

 용어풀이

• **하이브리드 자동차**: 연료 엔진과 전기 자동차의 배터리 엔진을 함께 장착한 자동차로, 자동차가 움직일 때 배터리가 충전된다.

1 태영이네 자동차는 1 km를 가는 데 $12\frac{1}{5}$ L의 연료가 들고, 태경이네 자동차는 1 km를 가는 데 $\frac{367}{30}$ L의 연료가 든다. 어떤 자동차의 연비가 더 좋은지 서술하시오.

STEAM

2 같은 종류의 자동차가 같은 연료를 사용하더라도 연비가 다를 수 있다. 자동차의 연비를 높일 수 있는 방법을 3가지 서술하시오.

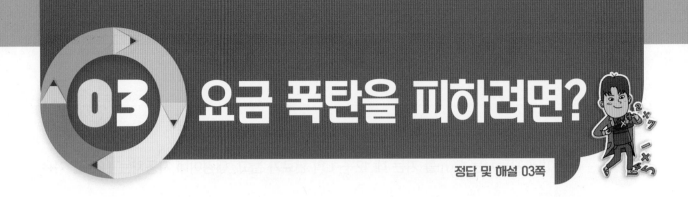

최근 스마트폰의 사용이 늘어나면서 부작용 역시 늘어나고 있다. 특히 요금 폭탄! 스마트폰으로 게임을 하거나 동영상을 보다가 자신도 모르는 사이에 엄청난 요금이 부과되는 것을 요금 폭탄이라 한다. 이러한 부작용을 막기 위해서는 스마트폰의 사용을 적절히 조절하고 무료 무선 인터넷이 가능한 장소에서 스마트폰을 사용해야 한다. 또한, 정해둔 요금에 도달하면 스마트폰의 사용을 막아주는 요금제를 사용하거나 충전식 요금제를 사용하는 것도 좋은 방법이다. 충전식 요금제는 충전식 교통 카드처럼 사용자가 사용할 요금(최하 5000원)을 먼저 내고 사용한 만큼 요금이 차감되는 방식이다. 기본료와 가입비가 없고 사용한 만큼만 요금이 차감되므로 요금 폭탄을 피할 수 있다.

▲ 요금 폭탄

- **MB(메가바이트)**: 데이터 사용량을 나타내는 단위로, 1 MB는 1024 KB(킬로바이트) 또는 104만 8576 B(바이트)에 해당한다.

충전식 요금제는 1 MB당 25.2원의 요금이 차감되고, A 요금제는 매달 기본료 10000원을 내면 500 MB의 데이터를 무료로 사용할 수 있다. 충전식 요금제와 A 요금제 중 어느 요금제가 데이터 사용 요금이 더 저렴한지 이유와 함께 서술하시오.

 다음은 스마트폰 요금 고지서이다. 스마트폰 요금제를 선택할 때 고려해야 할 점을 서술하시오.

항목	금액
이동통신 월정액	31000원
문자이용료	200원
무선인터넷이용료	1500원
할인요금	−3000원
부가가치세	2970원
총 납부 금액	32670원

2023년은 계묘년 토끼의 해이고, 2025년은 을사년 뱀의 해이다. 여기서 '계묘년', '을사년'은 무슨 말일까? 계묘, 을사와 같은 것을 '간지(干支)'라 한다. 간지는 천간(天干)과 지지(地支)를 한 글자씩 붙여서 만든 것이다. 천간은 '갑, 을, 병, 정, 무, 기, 경, 신, 임, 계'를 말하고, 지지는 '자, 축, 인, 묘, 진, 사, 오, 미, 신, 유, 술, 해'를 말한다. 천간은 모두 10가지라 10년을 주기로 돌아오고, 지지는 모두 12가지이므로 12년을 주기로 돌아온다. 그리고 하나의 간지는 10과 12의 **최소공배수**인 60년마다 돌아온다. 이러한 방법으로 연도를 나타내는 것은 중국과 우리나라를 비롯한 동양권에서만 사용하는 독특한 방법이다.

▲ 12지지

용어풀이

• **최소공배수**: 둘 이상의 자연수의 공통된 배수 중에서 가장 작은 수

1 2025년은 을사년 뱀의 해이다. 나눗셈을 이용하여 3273년이 뱀의 해인지 아닌지 알 수 있는 방법을 서술하시오.

STEAM 2 최소공배수와 반대되는 개념인 최대공배수는 필요한지 아닌지 이유와 함께 서술하시오.

05 샤를 법칙

정답 및 해설 04쪽

인류 역사상 최초의 비행기를 발명한 라이트 형제보다 120년이나 먼저 하늘을 날았던 사람이 있다. 바로 **열기구**를 발명한 몽골피에 형제 중 동생 자크 에띠엥 몽골피에이다. 1783년 많은 사람이 지켜보는 가운데 자크를 태운 열기구는 25분 동안 10 km를 나는 데 성공했다. 열기구가 공중에 뜨는 원리는 무엇일까? 압력이 일정한 조건에서 기체의 온도를 높이면 기체의 부피가 증가하고, 주변 공기보다 가벼워져 위로 올라간다. 이러한 원리로 열기구가 뜬다. 기체는 압력이 일정한 조건에서 부피는 온도가 1 ℃ 증가할 때마다 0 ℃일 때 부피의 $\frac{1}{273}$ 만큼씩 증가하는데 이를 '샤를 법칙'이라 한다.

▲ 샤를 법칙

 용어풀이

• 열기구: 기구 속 공기를 가열하여 팽창시켜 공중으로 떠오르게 만든 기구

1 0 ℃에서 부피가 2 L인 풍선의 부피를 처음 부피의 3배가 되도록 만들려고 한다. 온도를 몇 ℃까지 높여야 하는지 구하시오.

> **자료**
>
> 압력이 일정한 조건에서 온도를 높이면 기체의 부피가 증가한다.
>
> 0 ℃에서 기체의 부피를 $V_{처음}$이라 하면 기체의 온도가 1 ℃ 증가할 때마다
>
> 부피는 $V_{처음}$의 $\dfrac{1}{273}$씩 증가하며 이를 식으로 나타내면 다음과 같다.
>
> $$(기체의\ 부피) = V_{처음} + \frac{(온도)}{273} \times V_{처음}$$

2 273 ℃에서 1 L의 부피를 가진 어떤 기체의 온도를 0 ℃까지 낮추면 기체의 부피는 어떻게 변할지 서술하시오.

06 KTX는 얼마나 빠를까?

정답 및 해설 04쪽

346 km/h

지상에서는 내가 최고지~

KTX는 우리나라에서 운행되는 고속철도이다. 1950년대에는 시속 100 km 이상이면 고속철도라 했지만, 오늘날에는 기술이 발달하여 최고 속력이 시속 300 km 이상, 평균 속력이 시속 200 km 이상인 철도를 고속철도라 한다. 우리나라는 1992년에 공사를 시작하여 2004년 4월 1일부터 KTX 운행이 시작되었다. KTX의 개통으로 인해 서울에서 부산은 2시간 15분, 서울에서 목포는 2시간 24분 만에 도착할 수 있다. 이것은 기존의 철도보다 약 2시간 정도 단축된 시간이다. KTX의 장점은 빠르고 대량수송이 가능하며 안전하다는 것이다. 또한, 이용이 편리하고 기후의 영향을 적게 받으며, 전기를 이용하므로 배기가스에 의한 대기오염도 없어 환경보호에 유리하다.

 용어풀이

- KTX: Korea Train Experss의 약자로, 우리나라의 고속철도이다.

1 서울에서 부산까지의 거리는 390 km이다. 자동차를 타고 서울에서 부산까지 가는 데 걸리는 시간은 4시간 48분, KTX를 타고 서울에서 부산까지 가는 데 걸리는 시간은 2시간 30분이라 할 때 KTX의 속력은 자동차 속력의 몇 배인지 구하시오.

2 KTX의 속력을 알 수 있는 방법을 3가지 서술하시오.

07 금보다 소중한 것

정답 및 해설 05쪽

'금지옥엽(金枝玉葉)'은 금이나 옥처럼 여겨 소중히 한다는 뜻의 사자성어이다.

옛날부터 사람들은 금을 귀하게 여겼다. 금을 차지하기 위해 전쟁을 하기도 했고, 중세 서양에서는 금을 만들려는 **연금술**이 유행하기도 했다. 지금도 금을 차지하기 위해 다른 나라를 침략하고 깊은 바닷속을 탐험하기도 한다. 금은 모든 나라에서 화폐에 버금가는 가치를 지니고 있기 때문에 많은 사람이 금 가격에 관심을 가진다.

 용어풀이

• **연금술**: 값싼 금속으로 금이나 은 등의 귀금속을 만들려고 했던 중세 시대의 과학 기술

1 금 가격을 $\frac{5}{6}$로 나누어야 할 것을 잘못하여 곱했더니 $16\frac{2}{3}$만 원이 되었다. 원래 금 가격을 구하시오.

STEAM

2 금보다 소중한 가치를 지니고 있다고 생각하는 것을 1가지 적고, 그 이유를 서술하시오.

 # 500원짜리 동전

정답 및 해설 05쪽

1980년대 들어 자동판매기 등 **주화**를 사용하는 기기가 증가하면서 지폐로 사용되던 500원권을 1982년 6월 12일부터 주화로 발행하기 시작했다. 500원짜리 동전의 양면에는 학과 가격을 넣었고, 재료는 100원짜리 동전과 같은 백동을 사용했다. 백동은 구리와 니켈의 합금으로 만들며, 구리와 니켈의 비율은 4 : 1이다. 500원짜리 동전의 크기(2.65 cm)는 100원짜리 동전의 크기(2.4 cm)보다 조금 크게 하고 동전 둘레에 120개의 톱니를 넣어 100원짜리 동전과 구별했다. 100원짜리 동전의 무게는 5.42 g이고 500원짜리 동전의 무게는 7.7 g이다.

 용어풀이

• **주화**: 금속을 녹여 만든 화폐로, 주로 동전을 의미한다.

500원짜리 동전의 지름은 2.65 cm이고, 100원짜리 동전의 지름은 2.4 cm이다. 500원짜리와 100원짜리 동전의 넓이 차를 구하시오. (단, 원주율은 3이다.)

 500원짜리 동전의 둘레의 길이를 구하는 방법을 3가지 서술하시오.

반장이나 전교 어린이회장을 뽑기 위해 **투표**를 해 본 경험이 있을 것이다. 선거는 투표를 통해 공직자나 대표자를 뽑는 것으로, 민주주의의 꽃으로 불린다. 민주적인 선거는 다음 네 가지 원칙에 따라야 한다.

[선거의 4원칙]

• 보통 선거: 인간은 모두 평등하므로 일정한 연령이 되면 누구나 선거에 참여할 수 있다.

• 평등 선거: 선거권이 있는 사람이면 누구나 똑같이 1표씩만 투표할 수 있다.

• 비밀 선거: 투표의 내용은 투표자 이외의 누구도 알 수 없어야 한다.

• 직접 선거: 선거권을 가진 사람이 후보자들에게 직접 투표해야 한다.

• **투표**: 선거를 할 때 투표용지에 의사를 표시하여 일정한 곳에 내는 일

1 우리나라 국회의원의 임기는 4년이고, 대통령의 임기는 5년이다. 지난 2020년에 국회의원 선거가 있었고, 2022년에 대통령 선거가 있었다. 올해를 기준으로 국회의원 선거와 대통령 선거를 동시에 치르는 가장 빠른 해와 두 번째 해를 각각 구하시오.

STEAM 2 학교와 학생, 교육을 담당하는 교육청의 장을 교육감이라 하며, 교육감은 선거를 통해 선출된다. 학생들은 선거권이 없지만, 학교생활과 직접 관련이 있는 교육감 선거에 관심을 가지는 경우가 많다. 이 때문에 학생들에게 교육감 선거만 선거권을 주자는 의견도 있다. 학생들에게 교육감 선거권을 주는 것에 대한 자신의 의견을 서술하시오.

매미는 주로 5년, 7년, 13년, 길게는 17년까지 땅속에서 유충으로 살다가 성충이 된다. 그 이유는 바로 **천적**을 피하기 위해서이다. 매미 유충이 땅속에서 나오면 수많은 천적의 먹잇감이 된다. 또한, 매미의 천적인 노린재와 사마귀와 같은 곤충들은 주로 2년, 4년, 6년과 같은 짝수를 주기로 나타나므로 5년, 7년, 13년, 17년마다 한 번씩 성충이 되면 매미가 천적과 마주칠 기회가 적어진다.

• **천적**: 잡아먹는 동물을 잡아먹히는 동물에 상대하여 이르는 말

1 17년마다 나타나는 매미는 6년마다 나타나는 천적과 몇 년에 한 번씩 만나게 되는지 서술하시오.

2 매미가 나타나는 주기인 5, 7, 13, 17의 약수를 모두 구하고, 이 수들의 특징을 서술하시오.

▲ 소수

11 부가가치세

정답 및 해설 07쪽

Menu

스테이크	28000원
피 자	13000원
돈가스	9000원
우 동	5000원

모든 물건 가격에는 '부가가치세'라는 세금이 포함되어 있다. 부가가치세는 **간접세**의 한 종류로 물건을 팔아 돈을 받은 상인이 물건에 대한 세금을 대신 내는 것으로, 부자나 가난한 사람이나 상관없이 물건 값에 부과된다. '부가가치'란 물건의 생산 과정에서 덧붙인 가치를 뜻하는데, 생산한 사람에게는 물건을 팔고 남는 이윤이라 할 수 있다. 우리나라는 보통 판매 가격의 $\frac{1}{10}$ 만큼의 부가가치세가 포함되어 있다. 보통 과자나 옷, 가전제품의 가격에도 부가가치세가 포함되어 있지만, 부가가치세를 물건 값과 따로 구분해 부과하는 경우도 있다.

 용어풀이

- **간접세**: 세금을 부담하는 사람과 납부하는 사람이 다른 경우의 세금으로, 부가가치세, 주세, 통행세 등이 있다.

1 주영이네 가족은 식당에서 스테이크 1개와 피자 1개를 먹었다. 이 식당은 음식값 외에 부가가치세를 별도로 내야 한다. 다음 <보기>의 식사 가격표를 보고 주영이네 가족이 내야 하는 전체 금액을 구하시오. $\left(\text{단, 부가가치세는 판매 가격의 } \frac{1}{10} \text{이다.}\right)$

┌ 보기 ┐

주영이네 식사 가격표
- 스테이크: 32000원
- 피자: 18000원

 STEAM 2 세금은 누구나 같은 값을 내는 간접세와 소득과 재산에 따라 값이 달라지는 직접세로 나눌 수 있다. 간접세와 직접세 중 어느 것이 더 합리적인지 서술하시오.

II
도형

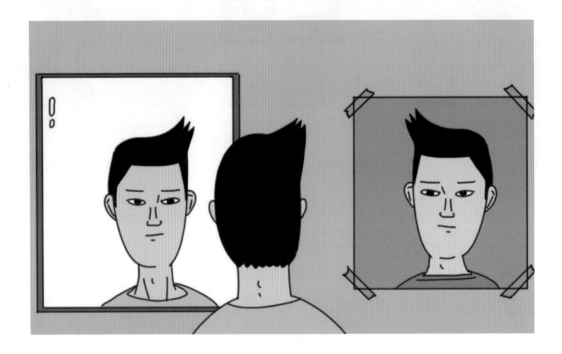

우리는 적어도 매일 1번씩은 거울을 본다. 거울에 보이는 얼굴은 정말 자신의 얼굴일까? 사진 속의 내 얼굴 또한 왠지 모르게 어딘가 어색하다. 매일 거울로 보는 내 얼굴의 모습이 아니기 때문이다. 우리가 매일 거울로 보는 내 얼굴은 거울 면을 기준으로 **면대칭**인 모습이다.

거울 속의 내 모습과 사진 속의 내 모습, 어느 것이 진짜 내 모습일까?

용어풀이

- **면대칭**: 공간에서 평면에 대한 대칭

거울 속의 내 얼굴과 사진 속의 내 얼굴 중 어느 것이 진짜 내 얼굴인지 이유와 함께 서술하시오.

 사진뿐만 아니라 내 목소리를 녹음기로 녹음해 들어보면 평소에 내가 듣던 목소리와 달리 어색하게 느껴진다. 그 이유를 서술하시오.

 **13** 내 안의 나, 프랙털

정답 및 해설 08쪽

프랙털은 '쪼개다'라는 의미의 라틴어에서 유래한 것으로, **컴퓨터 그래픽** 이론에서 출발하여 현대 물리와 수학에서 빼놓을 수 없는 부분이 되었다. 프랙털 이론은 1975년 만델브로트라는 수학자에 의해서 시작되었는데, 작은 구조가 전체 구조와 닮은 형태로 끝없이 되풀이되는 구조이다. 즉, 자신의 작은 부분에 자신과 닮은 모습이 나타나고, 그 안의 작은 부분에도 또다시 자신과 닮은 모습이 반복되어 나타나는 현상이다. 프랙털 구조는 자연에서 쉽게 찾을 수 있다. 고사리와 같은 양치류 식물, 공작의 깃털 무늬, 구름과 산, 복잡하게 생긴 해안선의 모양, 은하의 신비로운 모습 등이 모두 프랙털 구조이다.

▲ 프랙털

 용어풀이

• **컴퓨터 그래픽**: 컴퓨터를 이용하여 그림을 그리는 분야

1 만델브로트는 영국 서부의 리아스식 해안선에서 프랙털을 발견했다. 다음은 영국의 해안선을 200마일 단위와 25마일 단위로 잰 것이다. 해안선의 길이를 재는 단위의 길이와 해안선의 길이 사이의 관계를 서술하시오.

▲ 200마일 단위로 쟀을 때　　　▲ 25마일 단위로 쟀을 때

2 우리 주변에서 찾을 수 있는 프랙털을 3가지 쓰시오.

  별의 일주운동

정답 및 해설 08쪽

별의 일주운동은 지구의 자전으로 인해 하늘의 별들이 북극성을 중심으로 하루에 한 바퀴씩 회전하는 운동이다. 실제로 하늘의 별들은 고정되어 있는데 지구가 매일 한 바퀴씩 회전하기 때문에 북쪽 하늘을 바라보면 별들이 지구의 자전축 위에 있는 북극성을 중심으로 **동심원**을 그린다. 이때 시계 반대 방향으로 원이 그려진다. 밤하늘에서 별이 이동한 모습은 특수한 방법으로 촬영된 사진을 보면 정확하게 확인할 수 있다.

 용어풀이

• **동심원**: 같은 중심을 가지며 반지름이 다른 두 개 이상의 원

1 북반구에 위치한 우리나라에서 밤하늘의 별은 북극성을 중심으로 하루에 한 바퀴씩 움직인다. 어떤 별을 관측하기 시작한 후부터 지금까지 225°만큼 움직였다면 별을 관측하기 시작한 시각은 지금으로부터 몇 시간 전인지 구하시오.

2 다음은 북극성과 북두칠성의 모습이다. 12시간 후의 북두칠성의 위치를 예상하여 그리시오.

북극성

북두칠성

정답 및 해설 09쪽

우영이는 친구에게 줄 생일 선물을 포장하고 있다. 독특한 모양의 선물 상자를 직접 만들고 싶어서 여러 가지 모양의 입체도형을 생각해 봤다. 우영이가 충분히 만들 수 있고 선물 상자로 흔하지 않은 **입체도형**은 어떤 것들이 있을까?

 용어풀이

• **입체도형**: 삼차원 공간에서 부피를 가지는 도형

다음 <보기>는 우영이가 만든 선물 상자의 모양을 설명한 것이다. 우영이가 만든 선물 상자는 어떤 모양인지 쓰시오.

보기

- 면의 개수는 모두 8개이다.
- 꼭짓점과 모서리의 개수의 합은 30이다.

 직접 친구 생일 선물을 포장한다면 어떤 모양의 선물 상자를 만들 것인지 쓰고, 그 이유를 서술하시오.

16 국보 제1호, 숭례문

정답 및 해설 09쪽

숭례문은 도성을 둘러싸고 있는 성곽의 정문으로 1395년(태조 4)에 짓기 시작하여 1398년(태조 7)에 완성되었으며, 한양 도성의 남쪽 정문이라서 흔히 남대문이라 불린다. 숭례문은 **석축 기단** 위에 서 있는데, 석축 기단 가운데에는 윗부분을 무지개 모양으로 반쯤 둥글게 만든 홍예문이 있다. 숭례문은 현존하는 우리나라 성문 건물로는 가장 규모가 크다. 1962년 12월 20일 국보 제1호로 지정되어 보존되었으나 2008년 2월 10일에 발생한 화재로 많은 부분이 불에 타고 말았다. 숭례문의 복원을 위해 많은 작업과 연구가 진행되었고, 2010년 2월에 복구 작업을 시작하여 약 3년간의 복구 공사를 거친 후 2013년 5월 4일부터 다시 시민들에게 공개되었다.

▲ 숭례문

• **석축 기단**: 건물이나 조각을 만들기 위해 그 바탕에 돌을 쌓아 만든 단

1 숭례문을 앞에서 바라본 모양을 그리시오.

2 다음은 숭례문 석축 기단이다. 석축 기단에서 찾을 수 있는 수학적 원리를 3가지 서술하시오.

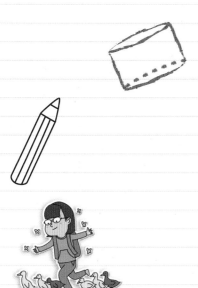

Ⅲ
측정

17 길이 단위 Smoot

정답 및 해설 10쪽

미국 보스턴과 케임브리지 지역을 잇는 하버드 다리(Harvard Bridge)는 찰스강을 횡단하는 다리로, 총 길이는 659.82 m, 폭은 21.13 m이다. 1958년 10월의 어느 날 밤, 올리버 스무트(Oliver R. Smoot)는 MIT 친구들과 함께 하버드 다리 전체 길이를 쟀다. 적절한 측정기를 사용하는 대신 가장 키가 작았던 올리버 스무트(5피트 7인치, 170 cm)가 누웠다 일어나기를 반복하면서 자신의 몸을 이용하여 다리 길이를 측정했다. 10 Smoot마다 페인트로 표시하며 측정한 결과, 다리의 길이는 '364.4 Smoot+one ear'였다. Smoot 표시는 올리버 스무트가 졸업한 후에도 후배들에 의해 계속 덧칠되면서 MIT 문화의 상징이 됐다. MIT에서는 2008년 10월에 올리버 스무트를 초청하여 Smoot 50주년 기념식을 하고, 구글 어스(Google Earth)에서는 이를 기념하여 Smoot를 측정 단위로 사용할 수 있도록 했다.

용어풀이

- MIT: 미국 매사추세츠에 위치한 공과 대학, 하버드 대학과 함께 미국을 대표하는 대학

1 Smoot의 키는 약 170 cm로 Smoot 단위의 기준이다. 364.4 Smoot인 하버드 다리의 길이는 몇 m 몇 cm인지 구하시오.

STEAM

2 다리에 10 Smoot마다 다음과 같이 표시하였을 때의 장점을 서술하시오.

정답 및 해설 10쪽

'29형 TV, 18형 에어컨, 32타입 아파트, …'

인치(inch), 평(枰), 근(斤) 등 비법정 단위 도량형 사용이 전면 금지됨에 따라 새로운 표기법이 필요해졌다. 전자업계는 인치(inch)나 평형 대신 카탈로그 등에 센티미터(cm)로 표기해야 한다. TV하면 '몇 인치'가 떠올랐는데 이제는 쓸 수 없다. 전자업계가 내놓은 방안은 기존 도량형(度量衡)인 인치를 '형(型)'으로 표기하는 것이다. 42인치를 42형으로 표기하면 규제에 걸릴 염려도 없고, 혼란도 덜 할 것이라 생각했기 때문이다. 평형 기준이던 에어컨도 'XX형'으로 바꿔, 18평형을 '18형'으로 부른다.

▲ 새로운 단위

용어풀이

• 도량형: 길이, 부피, 무게 따위의 단위를 재는 법

1평은 한 변의 길이가 1.818 m인 정사각형의 넓이이다. 32평은 몇 m²라 표현해야 하는지 서술하시오.

 새로운 표기법에 의해 인치나 평과 같은 단위를 대신해 cm, m의 단위를 사용해야 한다. 그러나 cm, m 대신 '형'과 같은 새로운 단위를 사용하는 경우가 훨씬 더 많다. 이러한 문제점을 해결할 수 있는 방법을 서술하시오.

A4 용지를 접어보자

A4 용지를 계속 절반씩 10번 접으면 두께는 얼마나 될까? 직접 A4 용지를 10번 접은 후 두께를 자로 재면 구할 수 있지만, 실제로 A4 용지를 접어보면 6~7번 접기도 힘들다. 그렇다면 10번 접은 A4 용지의 두께는 어떻게 구할 수 있을까? 수학적으로 그 두께를 계산할 수 있다. A4 용지를 1번, 2번, 3번, … 접으면 종이의 두께는 2배, 4배(2×2), 8배($2 \times 2 \times 2$)로 그 두께가 늘어난다. A4 용지의 두께는 약 0.1 mm이므로 A4 용지를 10번 접은 두께는 $0.1 \times 1024 = 102.4$(mm), 즉 10.24 cm이다.

▲ A4 용지

 용어풀이

• A4 용지: 가장 일반적으로 사용하는 종이. 그 크기가 (210×297) mm로 전 세계적으로 규격화 되어 있다.

1 A4 용지의 두께가 0.1 mm라 할 때, A4 용지를 12번 접은 두께는 몇 cm인지 구하시오.

STEAM 2 A4 용지 외에 A3 용지, A5 용지도 있다. A3 용지는 A4 용지의 2배이며, A5 용지는 A4 용지의 $\frac{1}{2}$배로 모두 가로와 세로의 비율이 같다. 이는 국제표준화기구에서 정한 약속으로 대부분의 나라는 같은 규격의 종이를 사용한다. A4 용지의 크기와 같이 전 세계가 함께 정한 규칙이나 약속을 찾아 3가지 서술하시오.

20 홈런이 되려면?

정답 및 해설 11쪽

주말을 맞아 가족과 야구장을 찾은 주영이는 열심히 홈팀을 응원하고 있었다. 주영이는 홈팀 타자가 상대 팀 투수가 던진 공을 쳤을 때 공이 멀리멀리 날아가 경기장 펜스를 넘어 홈런이 되기를 바랐다. 하지만 그때마다 상대 팀 외야수가 펜스에 부딪혀가며 공을 멋지게 잡아냈다. 주영이는 '야구장이 조금만 더 작았더라면 벌써 홈런이 여러 개 나와서 홈팀이 앞서고 있었을 텐데…….'라는 생각에 아쉬운 마음이 들었다. 또 한편으로는 야구장의 넓이가 얼마나 될지 궁금하기도 했다. 경기가 끝나고 집으로 돌아온 주영이가 야구장의 넓이를 직접 구해 보려고 한다. 어떻게 구할 수 있을까?

• **홈팀**: 운동 경기에서 자기 팀의 근거지에서 다른 팀을 맞이하여 싸우는 팀

1 다음은 일반적인 야구장의 규격을 나타낸 그림이다. 홈과 1루, 2루, 3루를 이어서 생긴 사각형(녹색으로 색칠된 부분)의 넓이를 구하시오.

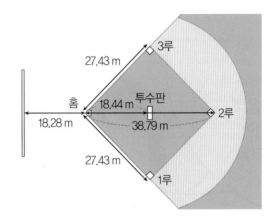

2 야구 경기에서 도루는 주자가 수비팀의 허점을 이용해 다음 루로 가는 것이다. 투수가 홈으로 공을 던지는 동안 주자가 다음 루로 이동하는 경우가 많다. 1루에서 2루로 이동하는 도루가 2루에서 3루로 이동하는 도루보다 많은 이유를 서술하시오.

우리 엄마가 이렇게 먹으면 미스코리아 된다고 했어요~

밥상 앞에 앉으면 어른들로부터 "꼭꼭 씹어 먹어라."는 말을 들은 경험은 누구나 한 번쯤은 있을 것이다. 음식을 꼭꼭 씹어 먹는 것은 열량 소비, 노화 방지 호르몬 분비, 근육 이완 등의 효과가 있다. 음식을 먹은 후 20~30분이 지나면 뇌에서 그만 먹으라는 신호를 보내기 시작하면서 포만 감이 느껴지는데, 음식을 빨리 먹으면 포만감이 느껴지기 전에 음식을 많이 먹게 된다. 또, 식사 를 천천히 하면 혈당의 급상승을 막을 수 있어 흡수된 영양소가 지방으로 쌓이는 것을 예방할 수 있다. 음식을 30회 이상 씹으면 귀밑샘에서 침샘호르몬인 파로틴의 분비가 활성화된다. 이는 체내 활성산소를 줄여 노화를 방지하고 암을 예방해 준다. 이처럼 음식을 꼭꼭 씹어 먹는 것은 효과적 인 운동법의 하나이다.

• **활성산소:** 호흡을 통해 체내로 들어온 산소가 몸속에서 에너지를 만드는 과정에서 만들 어지는 몸에 좋지 않은 여분의 산소로, 유해산소라고도 한다.

1 한 모서리의 길이가 4 cm인 정육면체를 오른쪽과 같이 잘랐을 때, 늘어난 겉넓이는 몇 cm^2 인지 구하시오.

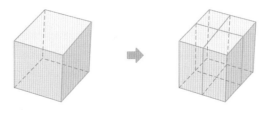

STEAM 2 음식을 꼭꼭 씹어 먹으면 소화가 잘되는 이유를 **1**의 정육면체의 겉넓이 변화와 관련지어 서술하시오.

정답 및 해설 12쪽

예슬이는 친구들과 함께 피자를 먹으려고 크기가 다른 피자 두 판을 시켰다. 큰 피자는 작은 피자보다 2배 더 크다고 했는데, 큰 피자의 크기가 2배처럼 보이지 않았다. 예슬이는 원의 넓이를 이용하여 큰 피자와 작은 피자의 크기를 직접 비교해 보기로 했다.

 용어풀이

• 원의 넓이: (반지름)×(반지름)×(원주율)로 구할 수 있다.

반지름이 10 cm인 원과 20 cm인 원의 넓이를 비교하시오. (단, 원주율은 3.14이다.)

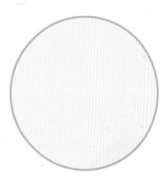

 크기가 2배 더 큰 피자가 생각보다 작아서 실망한 예슬이에게 크기가 2배 더 큰 피자의 의미를 설명해 주려고 한다. 크기가 2배 더 큰 피자란 어떤 뜻인지 서술하시오.

정답 및 해설 13쪽

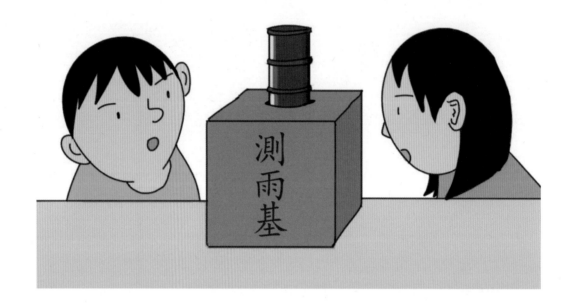

측우기는 조선 세종 이후부터 강우량을 측정하기 위해 사용된 기구이다. 측우기는 주철로 된 원통형 그릇으로, 깊이는 약 31 cm, 지름은 약 15 cm이다. 비가 올 때 측우기를 세워 두면 원통형 그릇에 빗물이 채워지고, 빗물이 채워진 양으로 비가 내린 양을 알 수 있다. 조선 시대에는 서울의 천문관서와 지방의 관아에 측우기를 설치하여 전국적으로 비가 내린 양을 관측하고 훗날에 참고하기 위해 기록을 남겨 두었다. 우리 조상들의 측우기가 뜻깊은 것은 세계에서 가장 먼저 사용되었다는 것이다. 이것은 유럽의 강우량 측정보다 약 200년 정도 빠르다.

 용어풀이

• 강우량: 일정 기간 동안 일정한 곳에 내린 비의 양

1 안쪽 지름이 15 cm인 측우기 안에 10 cm만큼 물이 찼다. 측우기 안에 채워진 물의 부피를 구하시오. (단, 원주율은 3.14이다.)

STEAM 2 오랜 가뭄이 이어지면 인공강우로 비를 내리게 하기도 한다. 인공강우는 구름에 아이오딘화은, 드라이아이스, 염화 나트륨 등을 뿌려 비를 내리게 하는 방법이다. 인공강우의 원리를 서술하시오.

모두 몇 명일까?

정답 및 해설 13쪽

"연일 섭씨 30 ℃를 웃도는 무더위가 계속되고 있는 요즘, 주말을 맞이하여 부산 해운대 해수욕장에 60만 명의 인파가 몰려 막바지 피서를 즐기고 있다."

매년 한여름 휴가철이 되면 뉴스에서 흘러나오는 기사 내용이다. 해수욕장에 모인 인파가 60만 명이라는 것은 어떻게 알 수 있을까? 해운대의 피서 인파와 같이 많은 사람 수를 추정할 때 '페르미 추정법'을 사용한다. 이 방법은 노벨 물리학상 수상자인 이탈리아의 물리학자 엔리코 페르미가 학생들의 사고력을 측정하기 위해 도입한 방법으로, 한눈에 파악하기 힘든 숫자를 어림할 때 사용하는 방법이다. 이 방법은 답을 정확히 계산해서 찾아내는 것보다 답을 찾아내는 논리적인 과정이 더 중요하다.

• 추정: 미루어 생각하여 판정함

1 월드컵 거리 응원을 위해 서울 시청 광장에 많은 사람이 모였는데 절반은 앉아 있고, 절반은 서서 응원을 했다. 서울 시청 광장은 가로 1 m, 세로 1 m인 정사각형 13200개로 채울 수 있다. 정사각형 모양 1개에 4명의 사람이 앉을 수 있거나 6명의 사람이 서 있을 수 있다. 이때 서울 시청 광장에 모인 사람 수를 구하시오.

STEAM
2 해운대 해수욕장에 모인 인파를 페르미 추정법으로 추정하는 것처럼 페르미 추정법으로 사고력을 측정할 수 있는 문제를 5가지 쓰시오.

IV
규칙성

정답 및 해설 14쪽

밤하늘의 별을 관찰하면 별, 달, 행성, 혜성, 유성 등 다양한 천체를 볼 수 있다. 혜성은 얼음과 먼지로 이루어진 천체로 긴 꼬리를 가지고 있다. 핼리 혜성은 영국의 천문학자 핼리가 발견했으며, 약 76년을 주기로 태양 주위를 타원궤도로 돌고 있다. 핼리는 1705년에 이 혜성을 발견했고 1758년에 나타날 것이라 예언했지만, 이를 확인하지 못하고 1742년에 사망했다. 그가 사망하고 난 후 1758년 크리스마스에 핼리 혜성이 관찰되어 핼리의 예언이 정확했음이 증명되었다.

 용어풀이

• 타원궤도: 물체가 운동하여 그리는 길쭉한 동그라미 모양의 길

핼리 혜성은 약 76년에 한 번씩 관찰할 수 있는데, 1758년에 관찰했다. 우리가 핼리 혜성을 관찰할 수 있는 연도를 구하시오.

 우영 혜성은 57년에 한 번씩 관찰할 수 있고, 핼리 혜성은 76년에 한 번씩 관찰할 수 있다. 1986년에 두 혜성을 함께 관찰했다면 두 혜성을 다시 함께 관찰할 수 있는 것은 몇 년 후인지 두 가지 방법을 이용해 구하시오.

피보나치 **수열**은 앞의 두 수의 합이 바로 뒤의 수가 되는 수열이다. 피보나치 수열은 꽃잎의 수나 해바라기 씨앗의 개수와 일치하고, 앵무조개의 껍데기에서도 찾을 수 있다. 이 수열을 피보나치 수열이라 부르는 이유는 이 수열을 처음 소개한 사람이 이탈리아 수학자 레오나르도 피보나치이기 때문이다. 그는 이집트, 시리아, 그리스, 시칠리아 등 여러 나라를 여행하며 발전된 수학을 익혔다. 이후 자신의 모든 수학적 지식을 담은 책을 출판했고, 특히 인도—아라비아 숫자를 유럽에 전파하여 수학의 발전에 큰 영향을 미쳤다. 피보나치 수열을 이용해 해결할 수 있는 다양한 수학 문제 중 하나는 계단을 오르는 방법의 가짓수를 구하는 것이다.

용어풀이

- **수열**: 일정한 규칙에 따라 한 줄로 배열된 수의 열

1 계단을 한 번에 1칸 또는 2칸을 올라갈 수 있다. 표의 빈칸에 각 칸까지 올라갈 수 있는 방법의 가짓수를 순서대로 나열하시오.

구분	올라갈 수 있는 방법
첫 번째 칸	
두 번째 칸	
세 번째 칸	
네 번째 칸	
다섯 번째 칸	

STEAM

2 15칸의 계단을 올라가는 방법의 가짓수를 구하려고 한다. 한 번에 1칸 또는 2칸을 올라갈 수 있다고 할 때, 올라가는 방법의 가짓수를 구하시오.

정답 및 해설 15쪽

수열은 일정한 규칙을 가진 수들의 나열이다. 일정한 규칙은 합이나 차가 될 수도 있고, 곱이나 몫이 될 수도 있다. 수가 나열된 위치나 모양에 따라 수열을 구분 짓기도 한다. **군수열**은 수들을 일정한 규칙으로 묶었을 때 일정한 규칙을 가지는 수열이다. 보통의 수열과 조금 다른 모양을 하고 있지만, 그 특징을 미리 알고 이해하고 있다면 찾아내는 것은 어렵지 않다.

 **용어풀이**

• **군수열**: 일정한 규칙으로 묶었을 때 규칙을 가지는 수열

1 다음 <보기>의 수가 나열된 규칙을 서술하시오.

<보기>

1 1 2 1 2 3 1 2 3 4 1 2 3 4 5 1 2 3 4 5 6 …

 2 ①의 수열에서 150번째 수를 쓰고, 수를 찾은 방법을 서술하시오.

28 개미 수열

정답 및 해설 15쪽

프랑스의 소설가 베르나르 베르베르는 특히 우리나라에서 인기가 많은 소설가이다. 그가 우리에게 처음 알려진 것은 그의 첫 장편소설 《개미》를 통해서였다. 이 책이 더욱 유명해지게 된 이유는 책에 나오는 재미있는 수열 때문이다. 이 책이 처음 나왔을 때, 출판사에서는 이벤트로 이 수열의 규칙을 찾아 다음에 올 수열을 구하는 문제를 냈다. 많은 사람이 문제를 해결하려고 노력했지만 그 규칙을 찾아낸 사람은 그리 많지 않았다. 이 수열은 읽고 말하기 수열인데 소설 《개미》에 소개되면서 유명해졌기 때문에 개미 수열이란 이름으로 잘 알려져 있다.

▲ 개미 수열

- 베르나르 베르베르: 프랑스 소설가로, 1961년에 프랑스 툴루즈에서 태어났으며 대표작으로는 《개미》, 《나무》 등이 있다.

1 다음은 소설 《개미》에 나오는 개미 수열이다. 수 배열의 규칙을 서술하시오.

1행				1		
2행			1	1		
3행			1	2		
4행		1	1	2	1	
5행	1	2	2	1	1	1
6행	1	1	2	2	1	3
⋮				⋮		

STEAM 2 **1**의 개미 수열의 7행에 들어갈 수열을 구하시오.

정답 및 해설 16쪽

박테리아라고도 불리는 세균은 스스로 양분을 만들 수 없으며, 하나의 세포로 되어 있는 미생물이다. 크기가 매우 작아 현미경으로 관찰해야 볼 수 있다. 세균은 보통 흙이나 물에서 살지만, 동물의 위나 장, 사람의 피부 등과 같이 다른 생물의 몸속에서 살기도 한다. 세균은 다양한 물질을 분해하고 생산하므로 우리에게 이익을 주는 것도 있고 해를 주는 것도 있다. 우리에게 유익한 세균으로는 식초를 만드는 식초산 세균, 김치나 요구르트에 많이 들어 있는 유산균, 가정 하수나 쓰레기 등을 분해하는 세균 등이 있다. 해로운 세균으로는 음식을 상하게 하는 부패 세균, 대장균, 전염병을 일으키는 살모넬라균, 콜레라균 등이 있다.

 **용어풀이**

• **박테리아**: 하나의 세포로 이루어진 아주 작은 생물로, 세균의 다른 말이다.

1 아메바는 한 개의 세포로 이루어진 단세포 생물이다. 아메바는 몸이 반으로 나누어지면서 각각 새로운 개체가 된다. 아메바가 10회 분열하는 동안 분열 횟수에 따른 아메바의 수를 수열로 나타내시오.

STEAM

2 5분에 2배로 늘어나는 세균이 있다. 유리병에 이 세균 2마리를 넣었더니 1시간 후 유리병이 가득 찼다. 이 세균 1마리가 유리병의 $\frac{1}{8}$ 을 채우는 데 걸리는 시간을 구하고, 풀이 과정을 서술하시오.

30 하노이 탑

정답 및 해설 16쪽

인도 바라나시에는 힌두교 사원인 두르가 사원이 있다. 이 사원에는 재미있는 문제가 전해져 내려온다. 세상의 종말에 관한 문제로, 한 기둥에 64개의 원반이 크기 순서대로 쌓여 있고 그 원반을 다른 기둥으로 모두 옮기면 세상의 종말이 찾아온다는 것이다. 원반을 옮기는 규칙은 한 번에 하나의 원반만 옮길 수 있고, 큰 원반은 작은 원반 위로 갈 수 없으며, 원반을 옮기기 위한 1개의 기둥이 더 있다는 것이다. 하노이 탑이라 알려져 있는 이 문제는 원반의 개수에 따라 옮기는 횟수가 규칙적으로 달라진다.

▲ 하노이탑

 **용어풀이**

• **종말**: 계속된 일이나 현상의 맨 끝

1 다음은 하노이 탑의 모습이다. 3개의 원반을 〈기둥 1〉에서 〈기둥 2〉를 사용해 〈기둥 3〉으로 옮기는 최소 횟수를 구하시오.

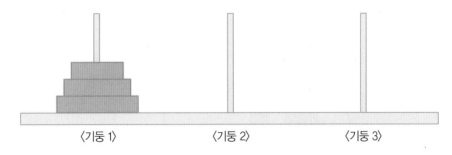

〈기둥 1〉   〈기둥 2〉   〈기둥 3〉

STEAM

2 하노이 탑에서 옮기려는 원반의 개수가 1개일 때는 1번, 2개일 때는 3번 원반을 옮기면 조건에 맞게 최소 횟수로 원반을 옮길 수 있다. 원반의 개수가 8개일 때 원반을 조건에 맞게 옮기는 최소 횟수를 구하시오.

정답 및 해설 17쪽

입체도형을 쌓으면 여러 가지 모양을 만들 수 있다. 특히 정육면체 모양의 쌓기나무는 위, 앞, 옆으로 쌓아 올려서 여러 가지 입체모양을 만들 수 있기 때문에 수학 시간에 많이 이용된다. 쌓기나무를 쌓아 여러 방향에서 보면 방향에 따른 다양한 모양과 규칙성을 찾을 수 있다. 또한, 일정한 규칙으로 쌓은 쌓기나무를 보고 사용된 쌓기나무의 개수도 구할 수도 있다. 쌓기나무의 규칙을 찾아보고, 그 규칙에 따라 사용된 쌓기나무의 개수를 구해 보자.

 용어풀이

• 쌓기나무: 정육면체 모양의 입체도형

1 다음과 같은 규칙으로 쌓기나무를 100층으로 쌓을 때 1층에 필요한 쌓기나무의 개수를 구하시오.

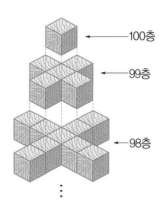

←100층

←99층

←98층

⋮

2 **1**의 쌓기나무를 100층까지 쌓을 때 필요한 쌓기나무의 개수는 모두 몇 개인지 구하시오.

32 파이 데이

정답 및 해설 17쪽

원주율은 원주와 원의 지름의 비를 말하며, 보통 3.14로 표현한다. 모든 원은 이 비율이 일정하고 이 값은 소수점 아래 어느 자리에서도 끝나지 않고 무한히 계속되며, 반복되지도 않는다. 이러한 원주율을 기념하는 곳도 있다. 미국과 유럽의 대학에서는 매년 3월 14일 1시 59분에 원주율의 탄생을 축하하는 행사를 하기도 하고, 원주율의 근삿값으로 사용하는 $\frac{22}{7}$에 따라 7월 22일을 파이 근삿값의 날로 기념하기도 한다. 행사에 참여하는 사람들은 동그란 파이를 먹으며 원주율이 생활에서 어떤 역할을 했는지 이야기하거나 원주율이 없는 세상을 상상해 본다.

▲ 원주율

 용어풀이

• 원주: 원의 둘레

1 다음은 원주와 원의 지름을 측정한 결과이다. (원주)÷(원의 지름)의 값을 구하고, 어떠한 규칙이 있는지 서술하시오.

원	원주	원의 지름
A	12.56	4
B	21.98	7
C	31.4	10

2 원의 넓이는 (반지름)×(반지름)×(원주율)로 구할 수 있다. 원 B와 C의 넓이를 구하고, 반지름과 원의 넓이 사이의 관계를 서술하시오. (단, 원주율은 3.14이다.)

원	원의 반지름	원의 넓이
A	5	78.5
B	10	
C	20	

V

확률과 통계

33 나는 열혈 야구팬

정답 및 해설 18쪽

지섭이는 **야구**를 좋아한다. 매일 야구 경기 결과를 확인하며 야구 경기가 없는 월요일이나 비가 오는 날에는 야구 경기를 보는 대신 야구 게임을 하기도 한다. 야구만 좋아하는 지섭이가 걱정된 동휘는 지섭이에게 야구 대신 수학에 관심을 좀 가져보는 것은 어떠냐고 이야기했다. 그 이야기를 들은 지섭이는 야구에서도 많은 수학적 내용을 찾을 수 있다고 답했다. 야구에는 어떤 수학적 비밀이 숨겨져 있는지 살펴 보자.

 용어풀이

• **야구**: 9명이 팀을 이루어 공을 던지고 배트로 공을 쳐서 승패를 겨루는 구기 종목

1 지섭이가 가장 좋아하는 선수인 돼랑이 선수는 3경기에 1번의 비율로 홈런을 친다. 올해 한 팀당 144경기를 치른다고 할 때, 돼랑이 선수가 한 해 동안 몇 개의 홈런을 칠지 예상하고, 이유를 서술하시오.

STEAM 2 타율은 타자가 안타를 칠 확률로, 0.300의 타율은 10번의 기회에서 3번 안타를 친다는 뜻이다. 김별명 선수는 어제까지 46번의 기회에서 13번 안타를 쳤다. 이 선수의 타율이 0.300이 되기 위해서 오늘 4번의 기회에서 몇 번의 안타를 쳐야 하는지 구하시오.

힌트

$$(타율)=\frac{(안타 수)}{(타석 수)}$$

 # 34 프로야구

정답 및 해설 18쪽

프로야구는 야구를 직업으로 하는 전문 선수들이 펼치는 야구 대회로, 매년 **리그전** 형식으로 시즌 동안 시합을 벌여 우승을 겨룬다. 세계 프로야구 리그의 원조는 미국이고, 이에 못지않게 일본의 프로야구도 그 전통과 실력을 자랑하고 있다. 우리나라는 1982년 3월 27일에 개막하여 시합을 시작했으며, 지금은 10개의 팀이 리그를 구성하여 경기를 치른다. 우리나라는 미국, 일본, 대만, 멕시코, 베네주엘라 등과 함께 프로야구 성행국으로 꼽힌다. 이외 캐나다, 이탈리아, 멕시코, 푸에르토리코, 도미니카공화국 등에서 프로야구가 시행되고 있다.

 용어풀이

- **리그전**: 경기에 참가한 팀 전부가 각 팀과 골고루 한 번씩 대전하는 경기 방식으로, 가장 많이 이긴 팀이 우승한다.

1 우리나라 프로야구는 10개 팀이 리그전으로 1년에 모두 720경기를 치른다. 한 팀당 1년에 치르는 경기 수를 구하시오.

2 다음은 4개의 프로야구 팀이 리그전으로 게임을 한 성적이다. 화나 치킨스는 몇 승 몇 무 몇 패인지 구하고, 이유를 서술하시오.

세별 고양이스	AC 용가리스	투싼 곰탱스	화나 치킨스
1승 1무 1패	2무 1패	2승 1무	

정답 및 해설 19쪽

1852년 대학생이었던 프란시스 구드리는 영국 지도의 지역들을 구별하는 데 네 가지 색이면 충분하다는 것을 발견했다. 이후 이 문제는 1878년 아서 케일리라는 수학자가 런던 수학학회의 저널에 발표하면서 세계적인 관심사로 떠오르게 되었다. 이를 <4색 정리>라 하고, 많은 수학자가 증명하려고 했지만 쉽게 해결되지 않았다. 이와 같은 내용을 알게 된 효주는 직접 우리나라 지도를 펼쳐놓고 색을 칠해보기로 했다. 정말 모든 지도를 칠하는 데 네 가지 색이면 충분할까?

 용어풀이

• 증명: 어떤 문제에 대한 논리적 판단과 주장이 참인지 거짓인지 밝히는 과정

1 빨강, 파랑, 초록, 노랑 네 가지의 색을 이용하여 다음 그림을 색칠하려고 한다. 이웃한 부분에는 서로 다른 색을 칠하여 다음 그림을 색칠하는 방법은 모두 몇 가지인지 구하시오.

(단, 모든 색을 다 사용할 필요는 없고, 각 영역에는 한 가지 색만 칠해야 한다.)

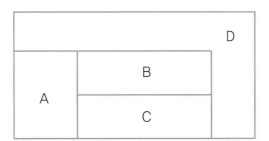

STEAM 2 우리나라 지도를 특별시, 광역시, 도별로 이웃한 부분에 서로 다른 색을 칠하려고 한다. 네 가지 색이면 충분할지, 부족할지 자신의 생각을 서술하시오.

36 택배 왔습니다

정답 및 해설 19쪽

우리나라는 유난히 택배 서비스가 발달했다. 전국이 **일일생활권**으로, 택배를 이용하면 일부 도서 산간 지역을 제외하고 보통은 오늘 물건을 주문하면 내일 받아 볼 수 있고, 당일 배송도 가능하다. 인터넷의 발달로 온라인 쇼핑 및 전자상거래가 활발해졌고, 홈쇼핑 및 모바일 쇼핑이 급부상하면서 우리나라의 택배 시장도 같이 급성장하여 지금은 누구나 쉽게 택배를 이용하고 있다. 그런데 이 모든 것이 가능한 것은 매일 아침 일찍부터 늦은 시간까지 택배를 배달하기 위해 노력하는 분들이 계시기 때문이다.

• **일일생활권**: 하루 동안 볼일을 끝내고 되돌아올 수 있는 거리 안에 있는 범위

1 다음은 택배기사가 배달을 가야 하는 마을과 마을을 연결한 도로를 나타낸 것이다. A 마을에서 출발해 모든 마을을 한 번씩만 들른 후 다시 A 마을로 돌아오는 경우의 수를 구하시오.

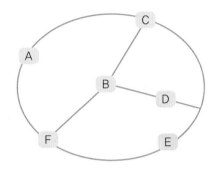

2 택배를 배달할 때 효율적으로 배달하기 위해 고려해야 할 점을 3가지 서술하시오.

정답 및 해설 20쪽

이우영은 소와 거위를 키우는 농장의 주인이다. 요즘 농장의 동물의 수가 급격하게 늘어나면서 동물이 먹는 사료를 사는 비용도 커지게 되어 큰 고민에 빠졌다. 동물들에게 먹이를 주지 않을 수도 없고, 먹이를 사려고 하니 돈이 부족하여 동물을 팔아야 할 상황이다. 얼마 전 도시에 사는 친구 이혜영이 복권에 당첨되어 큰 돈을 얻게 되었다는 소식을 들은 이우영은 자신도 복권에 당첨되기를 바라며 복권을 샀다. 이우영이 복권에 당첨될 확률은 얼마나 될까?

▲ 확률

• 복권: 번호나 그림 등 특정 표시를 기입한 표로, 추첨을 통하여 상금이나 상품을 준다.

100장의 복권 중 1등은 1장, 2등은 4장, 3등은 5장, 4등은 10장이 들어 있다. 복권을 1장 뽑았을 때, 적어도 2등에 당첨될 확률을 구하시오.

복권의 장점과 단점을 각각 1가지씩 서술하시오.

38 도형에서의 확률

정답 및 해설 20쪽

확률은 모든 경우의 수에 대한 어떤 사건이 일어날 경우의 수의 **비율**이다. 따라서 확률을 구하기 위해서는 경우의 수를 먼저 구해야 한다. 도형에서의 확률은 경우의 수를 구할 수 없기 때문에 어렵다고 생각할 수 있지만, 도형의 넓이를 활용하면 쉽게 도형에서의 확률을 구할 수 있다. 도형에서의 확률은 특정한 부분의 넓이를 전체 도형의 넓이로 나누어 확률을 구한다. 도형에서의 확률을 직접 구해 보자.

- 비율: 다른 수나 양에 대한 어떤 수나 양의 비

1 6개의 면에 1, 3, 5가 각각 2개씩 적혀 있는 주사위를 던졌을 때 나오는 눈의 수를 합하는 놀이를 하고 있다. 지성이의 현재 점수가 6점일 때 14점을 얻을 수 있는 경우의 수를 모두 구하시오. (단, 주사위를 던지는 횟수는 제한이 없고, 나오는 눈의 수의 순서는 생각하지 않는다.)

STEAM

2 다음은 율하가 다트 게임을 하기 위해 새롭게 만든 과녁판이다. 두 과녁판 중 어느 것이 높은 점수를 내는 데 유리할지 쓰고, 그 이유를 서술하시오. (단, 다트를 던지는 횟수는 제한이 없다.)

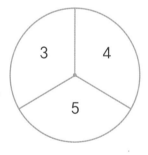
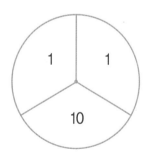

정답 및 해설 21쪽

지금으로부터 약 50년 전 미국의 한 TV 프로그램 〈Let's make a deal〉의 사회자였던 몬티 홀이 다음과 같은 게임을 진행했다. 3개의 문 중 하나의 문 뒤에는 고급 승용차가 있고, 나머지 2개의 뒤에는 염소가 있다. 출연자가 하나의 문을 선택하면 그 뒤에 있는 것을 선물로 받게 되는 게임으로, 고급 승용차를 받을 수 있는 확률은 $\frac{1}{3}$이다. 3개의 문 중에서 출연자가 첫 번째 문을 선택하자 고급 승용차가 있는 문을 알고 있는 몬티 홀은 염소가 있는 세 번째 문을 열어 출연자에게 보여준다. 그리고 나서 2개의 문이 남아 있는 상황에서 출연자에게 이야기한다.

"원한다면 선택을 바꾸어도 됩니다. 자, 선택을 바꾸시겠습니까?"

고급 승용차를 받기 위해서는 원래의 선택을 계속하는 편이 좋을까? 아니면 선택을 바꾸는 것이 좋을까?

▲ 몬티 홀

 용어풀이

• **확률:** 일정한 조건 아래에서 어떤 사건이 일어날 가능성의 정도 또는 그런 수치

몬티 홀 문제에서 염소와 고급 승용차를 선택할 확률을 각각 구하시오.

  출연자가 3개의 문 중 하나를 선택하면 몬티 홀은 염소가 있는 다른 문을 열어 보여준 후 출연자에게 선택을 바꿀 기회를 준다. 선택을 바꾸지 않는 것과 선택을 바꾸는 것 중 어느 것이 좋을지 이유와 함께 서술하시오.

40 동전의 가치

정답 및 해설 21쪽

오래전부터 사람들은 서로 쓰다 남은 물건을 바꾸어 가며 필요한 물건을 구했다. 하지만 물건의 가치가 서로 다르거나 부피가 큰 물건들은 교환하기 어려웠다. 이러한 어려움을 해결하기 위해 부피가 작고 가치가 있는 것을 만들었는데, 그중 하나가 바로 동전이다. 우리나라에서는 고려 시대부터 만들어져 사용되었고, 동전이 화폐로 널리 사용된 것은 조선 시대의 **상평통보**이다. 동전은 다른 말로 **주화**라고도 하는데 나라마다 크기와 모양, 화폐의 가치 등이 다르다. 특정한 무언가를 기념하기 위해 기념주화를 만들기도 한다.

- **상평통보**: 조선 시대에 쓰이던 엽전의 이름
- **주화**: 금속을 녹여 만든 화폐

1 500원, 100원, 50원, 10원짜리 동전이 각각 1개씩 있다. 이 동전을 이용해 만들 수 있는 금액은 모두 몇 가지인지 서술하시오. (단, 동전을 모두 사용하지 않아도 된다.)

2 어떤 나라에서는 3원짜리 동전과 5원짜리 동전만 사용한다. 이 나라에서 만들 수 없는 가장 큰 금액은 얼마인지 쓰고 이유를 서술하시오.

VI 융합

41 수선화의 생존 전략

정답 및 해설 22쪽

1940년 당시 세계에서 3번째로 긴 다리였던 미국의 타코마 다리가 무너져 내렸다. 길이 2800피트 (853 m), 폭 39피트(12 m)의 거대한 다리를 무너뜨린 것은 '바람'이었다. 바람은 안테나와 탑 같은 구조물에도 손상을 주는 '힘'을 가졌다. 최근 국내 연구진이 바람의 영향을 20 % 정도 줄일 수 있는 구조를 발견했다. 다름 아닌 꽃의 줄기를 본뜬 것이다. 커다란 꽃에 비해 가느다란 줄기를 가진 **수선화**는 바람이 불어도 꽃을 떨어뜨리지 않는데, 비결은 '줄기 모양'에 있다. 수선화의 줄기는 나선형 모양으로 꼬여 있고, 줄기를 자르면 단면은 레몬같이 길쭉하다. 줄기의 이런 구조 때문에 바람이 불면 꽃이 바람을 등지도록 '획' 돌아갈 수 있다. 또, 바람의 힘을 덜 받기 위해 줄기를 구부릴 수도 있다.

▲ 수선화

 용어풀이

- **수선화**: 백합목 수선화과의 여러해살이 풀

1 다음은 수선화 줄기가 바람을 받을 때의 모습을 간단히 나타낸 것이다. 그림을 참고하여 수선화 줄기를 가로로 자른 단면의 모양을 그리시오.

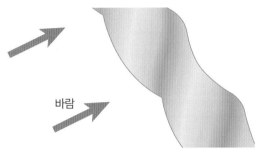

바람

STEAM 2 바람의 영향을 적게 받는 수선화 줄기의 구조를 활용할 수 있는 아이디어를 1가지 쓰고, 활용 방법을 구체적으로 서술하시오.

한국생명공학연구원 바이오안전성 정보센터가 발표한 '2015 유전자변형생물체 주요 통계'에 따르면 LMO의 전 세계 재배 면적이 2015년 말 기준 1917000 km^2로 2014년에 비해 약 1 % 감소했다. LMO는 GMO 중 살아 있는 생물체로, 유전자를 퍼뜨릴 가능성이 있는 생물이다. 삶은 옥수수는 번식할 수 없으므로 GMO이고, 살아 있는 옥수수 종자는 번식하여 유전자를 퍼뜨릴 수 있으므로 LMO이다. LMO가 재배되기 시작한 1996년 이후 재배 면적이 줄어든 것은 처음이다. 국제 곡물 가격이 계속 내려가면서 상위 10개 LMO 재배국 가운데 브라질과 아르헨티나를 제외하고 미국, 인도, 캐나다 등에서 모두 재배 면적이 감소했기 때문이다.

 **용어풀이**

- LMO(Living Modified Organism): 생식과 번식을 할 수 있는 유전자변형생물체
- GMO(Genetically Modified Organism): 유전자 조작 또는 재조합 등의 기술을 통해 재배 · 생산된 농산물을 원료로 만든 식품

1 어느 농장에서는 정사각형 모양의 밭에 LMO를 재배한다고 한다. 이 농장에서 LMO를 재배하는 면적이 1.44 km²라 할 때, 정사각형 밭의 한 변의 길이는 몇 m인지 구하시오.

2 LMO의 장점과 단점을 각각 1가지씩 서술하고, LMO를 재배하는 것이 좋을지 나쁠지 자신의 의견을 서술하시오.

43 지구의 자전 속도

정답 및 해설 23쪽

지구의 **자전** 속도가 점점 길어지고 있다는 사실을 알고 있는가? 지구는 자전축을 중심으로 스스로 한 바퀴씩 회전하는데 이를 자전이라 하고, 자전하는 데 걸리는 시간을 자전 주기라 한다. 학자들의 연구에 의하면 지금으로부터 약 3억 년 전에는 1년이 약 390일이고, 하루는 약 22시간 30분이었다. 그보다 더 이전인 약 4억 년 전에는 하루가 약 22시간 정도이며, 20억 년 전에는 하루는 약 11시간, 지구가 탄생한 순간에는 하루의 길이가 약 6시간 정도였다. 이처럼 하루의 길이가 점점 길어지는 것은 지구의 자전 속도가 점점 느려지기 때문이다. 밀물과 썰물은 달과 지구가 서로 당기는 힘에 의해 생기는데, 이 밀물과 썰물에 의해 지구의 자전 속도가 점점 느려진다. 지금과 같은 추세라면 3억 6천만 년 뒤에는 하루가 25시간이 되며, 75억 년 뒤에는 지구의 자전이 완전히 멈추게 될 것이다.

▲ 자전 속도

 용어풀이

- **자전**: 천체가 스스로 고정된 축을 중심으로 회전하는 운동

지구의 자전 주기는 10만 년에 2초씩 길어지고 있다. 현재 지구의 자전 주기는 23시간 56분 4초이다. 자전 주기가 정확히 24시간이 되려면 몇 년이 걸리는지 구하시오.

 산호는 밤과 낮에 따라 생장 속도 차이가 나기 때문에 산호 화석에는 하루의 변화를 나타내는 미세한 성장선이 나타난다. 좀 더 넓은 무늬 간격은 1년의 변화를 나타내므로 이들 사이의 미세한 성장선을 세면 과거 산호가 살던 시기의 1년의 날 수를 알 수 있다. 약 4억 년 전에 살았던 어떤 산호 화석에 1년 동안 미세한 성장선이 400개 나타났다. 하루를 24시간이라 할 때 약 4억 년 전의 하루는 몇 시간이었을지 풀이 과정과 함께 서술하시오.

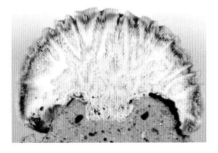

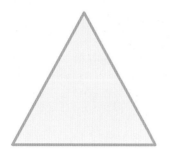
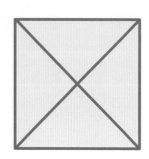
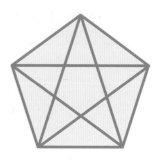

대각선은 이웃하지 않은 두 꼭짓점을 이은 선분이다. 삼각형은 이웃하지 않은 꼭짓점이 없기 때문에 대각선이 없다. 사각형의 각 꼭짓점은 이웃하지 않은 꼭짓점이 1개씩 있기 때문에 이웃하지 않은 점끼리 이어서 4개의 대각선을 그을 수 있다. 하지만 이 중 2개는 **중복**되므로 사각형의 대각선의 개수는 2개이다. 오각형의 각 꼭짓점은 이웃하지 않은 꼭짓점이 2개씩 있어서 10개의 대각선을 그을 수 있지만, 이 중 5개는 중복되므로 오각형의 대각선의 개수는 5개이다.

용어풀이

• 중복: 거듭하거나 겹침

육각형에 대각선을 모두 그리고, 대각선의 개수를 구하시오.

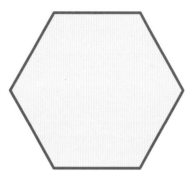

 다각형의 대각선의 개수를 구하는 방법을 식으로 나타내어 보시오.

요즘은 스마트폰이나 휴대폰으로 메시지를 보내는 것이 아주 흔한 일이다. 메시지는 전화 통화보다 간단하게 자신의 의사를 전달하거나 대화를 나눌 수 있기 때문에 요즘 사람들이 가장 많이 사용하는 **의사소통**의 수단일지 모른다. 스마트폰의 경우 컴퓨터 키보드와 같은 방법으로 내용을 입력할 수도 있고, 숫자판에 표시된 규칙에 따라 내용을 입력하는 경우도 있다. 스마트폰의 숫자판으로 원하는 내용을 입력해 보자.

 용어풀이

- **의사소통**: 가지고 있는 생각이나 뜻이 서로 통함

1 다음은 스마트폰의 한글입력패드의 모습이다. <보기>의 숫자를 순서대로 누르면 어떤 단어가 만들어지는지 서술하시오.

보기

숫자를 누르면 각 숫자에 대응하는 한글의 자음이나 모음이 입력된다. 자음의 경우 4를 누르면 ㄱ, 44를 누르면 ㅋ, 444를 누르면 ㄲ이 입력된다. 또, 1과 2를 누르면 ㅏ, 2312를 누르면 ㅚ가 되는 방법으로 모음을 입력할 수 있다.

누르는 숫자: 444239900151200

2 ❶의 한글입력패드를 발전시켜 다음과 같은 새로운 한글입력패드를 사용할 경우 편리한 점을 서술하시오.

46 일기 예보

정답 및 해설 24쪽

일기 예보는 일기도를 바탕으로 한다. 일기도란 여러 장소의 날씨, 기압, 풍향, 풍속, 기온, 습도 등 날씨 상태를 측정하고, 그 수치를 숫자와 기호로 나태낸 지도이다. 날씨를 예측한다는 것은 공기의 상태를 측정하고 계산하여 변화를 읽어내는 것이다. 대기는 변화가 복잡하고, 날씨에 영향을 주는 요인도 매우 많기 때문에 이 수치들을 계산해 내려면 **슈퍼컴퓨터**가 있어야 한다. 슈퍼컴퓨터는 날씨에 영향을 미치는 요인을 분석한 뒤 시뮬레이션을 통해 강수 확률 30 %와 같은 예보를 내놓는다. 이 확률이 나오기까지 슈퍼컴퓨터는 수백만~수천만 번 방정식을 풀어낸다. 일기 예보는 수학으로 내다보는 미래이다. 하지만 정확한 일기 예보는 아직도 어렵다. 날씨에 영향을 주는 요인이 너무 많고, 아주 작은 요소에서 시작된 변화로 인해 나중에 엄청난 차이가 날 수 있기 때문이다.

용어풀이

• **슈퍼컴퓨터**: 많은 양의 데이터를 초고속으로 처리할 수 있는 컴퓨터

1 다음 <자료>를 바탕으로 5년간 우리나라 강수 예보 적중률을 구하시오.

자료

- 비가 올 것으로 예보했고 실제 비가 온 경우(H): 3220회
- 비가 올 것으로 예보했으나 비가 오지 않은 경우(F): 1969회
- 비가 오지 않는다고 예보했으나 비가 온 경우(M): 1811회
- (강수 예보 적중률) = $\dfrac{H}{H+F+M} \times 100$ (%)

2 최근에는 정확한 날씨 예측을 위해 많은 나라와 기업이 노력을 기울이고 있다. 날씨를 예측하는 일이 중요한 이유를 서술하시오.

 **가위바위보**

정답 및 해설 25쪽

가위바위보는 '가위·바위'를 외치고 '보' 소리에 각자 손을 내밀어 그 모양에 따라 순서나 승부를 정하는 게임이다. 이때 보는 바위를, 바위는 가위를, 가위는 보를 이긴다. 이러한 단순한 규칙 때문에 가위바위보는 누구나 쉽게 배울 수 있고 즐길 수 있는 게임이다. 하지만 게임에 승리하고, **승률**을 높이기 위해서는 통계, 상황 판단, 심리전, 기술(손놀림), 그리고 전략적 사고를 모두 필요로 한다.

 **용어풀이**

• 승률: 경기에서 이긴 비율

1 도영이와 태경이가 가위바위보를 하고 있다. 두 사람이 가위바위보를 했을 때 도영이가 이길 확률을 구하시오.

STEAM 2 세계 가위바위보 협회에서는 가위바위보에서 이기는 방법을 연구하기 위해 사람들의 가위바위보 패턴을 분석했다. 분석 결과 가위를 낼 확률은 29.6 %였다. 가위를 낼 확률을 이용하여 가위바위보에서 이길 수 있는 방법을 서술하시오.

48 데이터의 기본 단위

정답 및 해설 25쪽

컴퓨터를 이용해 자료를 저장하거나 스마트폰의 데이터 사용량을 말할 때 300메가, 1기가와 같은 용어를 사용한다. 이때 사용된 메가는 메가바이트(MB), 기가는 기가바이트(GB)를 의미한다. 이러한 단위들 사이에는 어떤 차이가 있는 것일까?

컴퓨터가 사용하는 가장 작은 데이터의 단위는 비트(bit)이다. 비트 8개가 모여 바이트(byte)를 이룬다. 바이트의 약 1000배는 킬로바이트(KB), 킬로바이트의 약 1000배는 메가바이트, 메가바이트의 약 1000배는 기가바이트이다. 이와 같은 규칙으로 기가바이트보다 큰 단위를 테라바이트(TB), 페타바이트(PB) 등으로 표현한다.

용어풀이

- 페타바이트(PB): 테라바이트의 약 1000배의 데이터 단위

1 1킬로바이트는 1바이트를 2배씩 10번 계산한 크기이다. 1킬로바이트는 정확히 몇 바이트인지 구하시오.

STEAM 2 다음은 데이터의 기본 단위인 비트와 바이트를 표현한 것이다. 컴퓨터는 0과 1의 두 숫자만 사용하므로 1비트(1개의 사각형)에 들어갈 수 있는 경우의 수는 2이고, 1비트로 표현 가능한 경우는 2가지이다. 8비트로 이루어진 1바이트가 표현 가능한 경우는 몇 가지인지 구하시오.

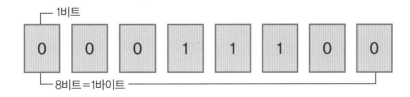

정답 및 해설 26쪽

TV나 신문, 인터넷에서 날씨예보와 함께 **미세먼지** 예보도 전해주는 시대가 되었다. 그만큼 미세먼지로 인한 위험과 피해가 크기 때문이다. 세계보건기구(WHO)는 미세먼지를 1군 발암물질로 분류해 그 위험성을 경고하고 있다. 미세먼지가 우리 몸속으로 들어오면 면역을 담당하는 세포가 먼지를 제거하여 우리 몸을 지키도록 작용한다. 이때 부작용으로 염증반응이 나타난다. 기도, 폐, 심혈관, 뇌 등 몸의 각 기관에서 염증반응이 일어나면 천식, 호흡기, 심혈관계 질환 등이 생길 수 있다. 특히 노인, 유아, 임산부나 심장 질환, 순환기 질환자들은 일반인보다 미세먼지로 인한 영향을 더 많이 받을 수 있으므로 각별히 주의해야 한다. 우리나라의 미세먼지 정도는 세계 최고 수준이다. 우리의 건강을 위협하는 미세먼지의 원인은 무엇일까?

• **미세먼지**: 입자의 크기가 매우 작은 대기오염물질 중 하나

1 다음은 우리나라 미세먼지의 성분을 분석한 자료이다. 이 성분을 분석한 결과 황산염, 질산염 등의 성분이 174.9 mg 검출되었다고 할 때, 광물 성분은 몇 mg인지 구하시오.

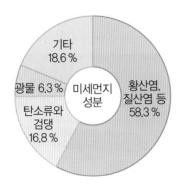

STEAM 2 다음은 위성으로 관측한 세계의 미세먼지 농도의 사진과 우리나라 지역별 미세먼지 농도를 나타낸 자료이다. 다음 자료를 근거로 우리나라의 미세먼지의 원인을 서술하시오.

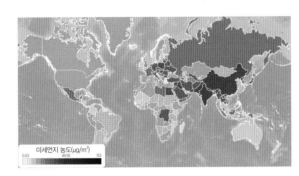

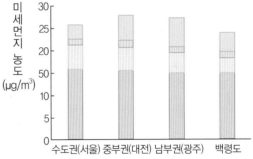

50 자전거 바퀴 모양

정답 및 해설 26쪽

중국 산둥성 칭다오 출신의 발명가 구안 바이후아는 앞바퀴는 오각형이고 뒷바퀴는 삼각형인 자전거를 개발했다. 앞바퀴와 뒷바퀴의 도형은 모서리가 직선이 아닌 둥근 곡선이다. 이 도형은 도형과 접하는 두 평행선 사이의 거리가 항상 일정한 도형으로, 뢸로 삼각형, 뢸로 오각형이라 부른다. 바퀴를 **뢸로 다각형**으로 만든 자전거는 생각했던 것과 달리 위아래로 흔들리지 않고 부드럽게 잘 굴러간다. 그러나 바퀴가 원 모양일 때보다는 좀 더 많은 힘이 들고, 장애물이 있을 때는 조금 위험할 수 있다. 원이나 뢸로 다각형처럼 도형과 접하는 두 평행선 사이의 거리가 항상 일정한 도형, 폭이 일정한 도형을 정폭도형이라 한다.

▲ 자전거

• 뢸로 다각형: 두 평행선 사이의 거리가 항상 일정한 도형

1 다음 그림을 바탕으로 원이 아닌 뢸로 삼각형이나 뢸로 오각형 바퀴 자전거가 위아래로 흔들리지 않고 잘 굴러갈 수 있는 이유를 서술하시오.

STEAM 2 우리 주위에서 뢸로 다각형이 쓰이는 곳을 서술하시오.

▲ 뢸로 다각형

영재성검사 창의적 문제해결력

기출문제

1 올해 토끼의 수는 작년 토끼의 수 2배에서 작년 늑대의 수를 뺀 수이고, 올해 늑대의 수는 작년 토끼의 수에서 작년 늑대의 수를 뺀 수이다. 3년 전 토끼의 수와 늑대의 수의 합이 100마리이고, 현재 토끼의 수와 늑대의 수의 합은 240마리이다. 3년 전 토끼의 수를 구하시오.

2 스발바르 국제종자저장고는 세계 주요 식물 종자를 보관하는 장소다. 혹시나 전쟁·전염병, 기후 변화 등으로 지구 환경을 망가뜨린 끝에 곡식이 없어질지 모를 상황을 대비해 2008년 2월 26일에 설립되었다. 한국을 포함하여 약 80개 나라가 씨앗을 보관하고 있다. 국제종자저장고에서 씨앗을 잘 보관하기 위한 방법을 3가지 이상 서술하시오.

3 총 30발의 활을 사용하여 과녁에 활쏘기를 하고 있다. 물음에 답하시오. (단, 과녁을 빗나간 화살은 없다.)

(1) 과녁판의 점수가 다음과 같을 때 활을 쏘는 동안 1점~50점까지의 점수 중 나올 수 없는 점수를 모두 구하고, 그 이유를 서술하시오.

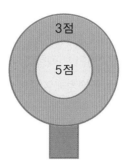

(2) 과녁판의 점수가 다음과 같을 때 활을 쏘는 동안 1점~150점까지의 점수 중 나올 수 없는 가장 큰 점수를 구하고, 그 이유를 서술하시오.

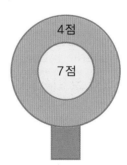

(3) 과녁판의 점수가 다음과 같을 때 활을 쏘는 동안 1점~100점까지의 점수 중 나올 수 없는 점수는 모두 몇 개인지 구하고, 그 이유를 서술하시오.

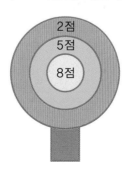

4 어떤 실험실에서 새로운 생명체 X를 만들었다. 이 생명체는 다음과 같은 방법으로 번식하는 특징을 가지고 있다. 물음에 답하시오.

⌐번식하는 방법⌐

① 생명체 X의 생존 시간은 2시간 30분이다.

② 생명체 X는 1시간에 2마리씩 번식한다.

③ 생명체 X는 생존 시간 중 1번만 번식한다.

④ 시간을 제외한 다른 요인은 생명체 X의 번식에 영향을 주지 않는다.

오전 11시

오전 12시

오후 1시

(1) 오전 9시에 1마리였던 생명체 X가 위와 같은 방법으로 번식할 때, 오후 3시에 새로 생겨난 생명체 X는 모두 몇 마리인지 구하시오. (단, 오후 3시 이전에 생겨난 생명체 X는 포함하지 않는다.)

(2) 오전 9시에 1마리였던 생명체 X가 위와 같은 방법으로 번식할 때, 오후 9시에 생존해 있는 생명체 X는 모두 몇 마리인지 구하시오.

5 눈의 배열이 동일한 3개의 주사위를 그림과 같이 쌓아올렸다. 주사위끼리 만나는 면에 적힌 눈의 수의 합이 각각 8일 때, ①번과 ②번 방향에서 본 주사위 모양을 각각 그리시오.

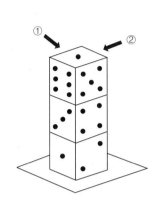

①번 방향	②번 방향

6 경기당 이기면(승) 2점, 비기면(무) 1점, 지면(패) 0점을 얻는 방식으로 A, B, C, D, E가 모두 한 번씩 경기를 했다. 각자 네 번의 경기를 치른 후 총점으로 순위를 매기니 A, B, C, D, E 순서였다. B와 E의 말을 토대로 다섯 명 각각의 승패의 수를 모두 구하시오.

(단, 총점이 같은 경우는 없다.)

> B: 나는 한 판도 안 졌어.
> E: 나만 다 졌어.

사람 \ 결과	승	무	패
A			
B			
C			
D			
E			

7 화성에서는 1년이 687일이고, 1달이 57~58일이다. 2201년 지구와 화성이 같은 설날을 맞았다. 이를 기념해 2201년 1월 1일 지구에서 화성을 향해 우주선이 출발했다. 물음에 답하시오.

(1) 우주선이 화성까지 가는 데 212일이 걸렸다면 우주선이 화성에 도착한 날짜를 화성의 날짜로 구하시오.

(2) 우주선이 화성에서 30일을 보낸 후 다시 지구로 돌아오는 데 212일이 걸렸다면 우주선이 지구에 도착한 날짜를 지구의 날짜로 구하시오.

8 다음의 표를 보고 찾을 수 있는 규칙을 7가지 서술하시오.

									1
								1	1
							1	2	1
						1	3	3	1
					1	4	6	4	1
				1	5	10	10	5	1
			1	6	15	20	15	6	1
		1	7	21	35	35	21	7	1
	1	8	28	56	70	56	28	8	1
1	9	36	84	126	126	84	36	9	1

9 〈그림 1〉과 같이 모든 방의 네 벽에는 출입구가 있고, 일부의 방에는 ╱ 또는 ╲ 모양의 가림판이 있다. 로봇은 1번 출입구를 통해 방으로 들어가고, 점선을 따라 [규칙]에 맞게 이동한다. 물음에 답하시오.

규칙

① 로봇은 가림판을 통과할 수 없다.
② 로봇은 가림판을 만났을 때만 좌회전 또는 우회전한다.
③ 로봇이 각 방의 출입구를 통과하는 순간마다 모든 방의 가림판은 동시에 모양이 바뀐다. ╱ 모양의 가림판은 ╲ 모양으로, ╲ 모양의 가림판은 ╱ 모양으로 바뀐다.
④ 〈그림 1〉과 같이 가림판이 있을 때, 로봇은 1번 출입구로 들어가서 9번 출입구로 나온다.

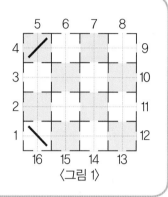

〈그림 1〉

(1) 〈그림 2〉와 같이 8개의 가림판이 있을 때 로봇이 나오는 출입구 번호를 찾으시오.

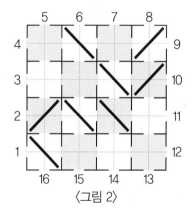

〈그림 2〉

(2) 〈그림 3〉과 같이 2개의 가림판이 있을 때, 4개의 가림판을 추가하여 로봇이 6개의 가림판을 적어도 한 번씩 모두 만난 후 7번 출입구로 나오도록 하려고 한다. 추가로 설치해야 하는 4개의 가림판을 〈그림 3〉에 그리시오. (단, 방 하나에 가림판을 2개 이상 설치할 수 없다.)

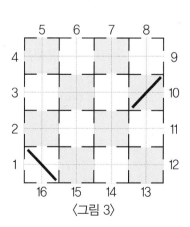

〈그림 3〉

10 생태계 평형을 이루고 있는 무인도에 생물 A~D가 산다. 생물 A~D의 생김새와 특징은 다음과 같다. 물음에 답하시오. (단, 무인도에 다른 생물은 살지 않으며, A~D는 각각 토끼, 토끼풀, 늑대, 대장균 중 하나이다.)

핵이 없음	핵이 있음		
	세포벽이 있음	세포벽이 없음	
		천적이 있음	천적이 없음
A	B	C	D

A: 몸이 막대 모양임
B: 증산 작용을 함
C: 운동 기관이 있음
D: 송곳니가 발달함

(1) B, C, D에 해당하는 생물이 무엇인지 쓰시오.

(2) C의 수가 갑자기 감소했을 때, 깨진 생태계 평형이 다시 회복하는 과정을 B~D를 이용하여 설명하시오. (단, C는 멸종하지 않았다.)

(3) 다음은 A가 살기에 알맞은 조건이 무엇인지 알아보기 위해 설계한 실험이다. 실험 과정에서 다르게 해야 할 조건을 고려하여 과정 ⑤를 서술하시오.

실험

[가설]
A의 수는 차가운 곳보다 따뜻한 곳에서 더 빠르게 증가할 것이다.

[실험 과정]
① 모양과 크기가 같고 뚜껑이 있는 접시 5개를 준비한다.
② A가 생존하는 데 필요한 물질이 모두 포함된 고체 상태의 영양분을 준비한다.
③ 영양분을 각 접시에 같은 양씩 나누어 담는다.
④ 각 접시에 담은 영양분 위에 A가 담긴 액체를 골고루 바르고 뚜껑을 닫는다.

⑤ _____

⑥ 18시간 후, A가 영양분을 덮은 면적을 비교한다.

11 다음 글을 읽고 기준 (가)와 (나)로 옳은 것을 3가지 제시하시오.

다음은 몇 가지 원소의 성질을 나타낸 카드이다.

원소 카드	원소 카드	원소 카드	원소 카드	원소 카드
이름: 마그네슘 금속 원소 상태(STP): 고체 반지름(pm): 145 전기음성도: 1.31 밀도(g/m³): 1.74	이름: 베릴륨 금속 원소 상태(STP): 고체 반지름(pm): 125 전기음성도: 1.57 밀도(g/m³): 1.84	이름: 탄소 비금속 원소 상태(STP): 고체 반지름(pm): 77 전기음성도: 2.55 밀도(g/m³): 2.25	이름: 플루오린 비금속 원소 상태(STP): 기체 반지름(pm): 71 전기음성도: 3.98 밀도(g/m³): 0.00171	이름: 나트륨 금속 원소 상태(STP): 고체 반지름(pm): 154 전기음성도: 0.93 밀도(g/m³): 0.97

원소 카드	원소 카드	원소 카드	원소 카드	원소 카드
이름: 질소 비금속 원소 상태(STP): 기체 반지름(pm): 75 전기음성도: 3.04 밀도(g/m³): 0.00125	이름: 리튬 금속 원소 상태(STP): 고체 반지름(pm): 134 전기음성도: 0.98 밀도(g/m³): 0.53	이름: 알루미늄 금속 원소 상태(STP): 고체 반지름(pm): 130 전기음성도: 1.61 밀도(g/m³): 2.69	이름: 수소 비금속 원소 상태(STP): 기체 반지름(pm): 37 전기음성도: 2.2 밀도(g/m³): 0.00009	이름: 산소 비금속 원소 상태(STP): 기체 반지름(pm): 73 전기음성도: 3.44 밀도(g/m³): 0.00143

그림은 제시된 원소를 기준으로 (가)와 (나)로 분류한 벤다이어그램이다.

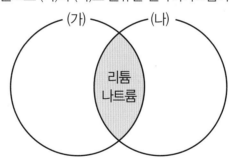

번호	기준 (가)	기준 (나)
1		
2		
3		

12 자이언트 세쿼이아 나무에 관한 글을 읽고 물음에 답하시오.

예시

자이언트 세쿼이아 나무가 7일간 계속되는 산불도 견딜 수 있는 이유는
1 m 두께까지 자라는 나무껍질 때문이다. 그렇다고 껍질이 단단하지는 않
으며, 오히려 푹신푹신하다. 자이언트 세쿼이아 나무는 이 푹신푹신한 나
무껍질에 수분을 머금고 있다. 자이언트 세쿼이아 나무가 불이 나길 기다
리고, 불에서도 잘 견디는 이유는 살아남아 씨앗을 퍼트려야 하기 때문이
다. 자이언트 세쿼이아 나무는 솔방울의 온도가 200 ℃ 이상이 되면 씨앗
을 내놓는다.

(1) 자이언트 세쿼이아 나무가 산불이 났을 때 씨앗을 퍼트리는 이유를 서술하시오.

(2) 자이언트 세쿼이아 나무의 나무껍질이 불에 잘 견디는 이유를 연소의 조건을 이용하여
서술하시오.

(3) 솔방울의 온도가 200 ℃ 이상이 되면 씨앗이 나오는 이유를 서술하시오.

13 국내의 한 기업은 '빼는 것이 플러스다.'라는 슬로건을 내세워 가격에 거품은 빼고, 가성비는 더한다는 전략으로 가격이 저렴하면서도 품질이 좋은 제품을 판매하여 소비자들로부터 큰 인기를 끌었다. '~빼면(−) ~ 플러스(+)다.'라는 문구를 넣어 사람들에게 긍정적인 영향을 주는 문장을 5가지 서술하시오.

예시

> 가격에 거품을 빼면 판매량이 플러스다.

14 한여름에 시원하게 쏟아지는 거센 소나기에도 연꽃잎은 빗방울을 튕겨 내고 고인 빗물을 흘려보낸다. 이러한 현상을 '연잎 효과'라 하는데 연꽃잎이 물방울에 젖지 않는 핵심적인 이유는 연꽃잎에 무수히 나 있는 미세한 돌기와 연꽃잎 표면을 코팅하고 있는 일종의 왁스 성분 때문이다. '연잎 효과'를 생활 속에서 이용하는 구체적인 예를 3가지 쓰시오.

메모

영재교육의 모든 것!
시대에듀가 상위 1%의 학생이 되는
기적을 이루어 드립니다.

안쌤 **안재범**

수달쌤 **이상호**

수박쌤 **박기훈**

영재교육 프로그램

프로그램 **1** 창의사고력 대비반

프로그램 **2** 영재성검사 모의고사반

프로그램 **3** 면접 대비반

프로그램 **4** 과고 · 영재고 합격완성반

수강생을 위한 프리미엄 학습 지원 혜택

영재맞춤형
최신 강의 제공

영재로 가는 필독서
최신 교재 제공

핵심만 담은
최적의 커리큘럼

PC + 모바일
무제한 반복 수강

스트리밍 & 다운로드
모바일 강의 제공

쉽고 빠른 피드백
카카오톡 실시간 상담

시대에듀 **안쌤 영재교육연구소** | www.sdedu.co.kr

시대에듀가 준비한
특별한 학생을 위한
최상의 학습
시리즈

안쌤의 사고력 수학 퍼즐 시리즈

① ・14가지 교구를 활용한 퍼즐 형태의 신개념 학습서
・집중력, 두뇌 회전력, 수학 사고력 동시 향상

**안쌤의 STEAM + 창의사고력
수학 100제, 과학 100제 시리즈**

② ・영재교육원 기출문제
・창의사고력 실력다지기 100제
・초등 1~6학년

**안쌤과 함께하는
영재교육원 면접 특강**

⑧ ・영재교육원 면접의 이해와 전략
・각 분야별 면접 문항
・영재교육 전문가들의 연습문제

**스스로 평가하고 준비하는! 대학부설·교육청
영재교육원 봉투모의고사 시리즈**

・영재교육원 집중 대비·실전 모의고사 3회분   ⑦
・면접 가이드 수록
・초등 3~6학년, 중등

영재교육원 영재성검사, 창의적 문제해결력 평가 완벽 대비

안쌤의

STEAM
+창의사고력
수학 100제

정답 및 해설

시대에듀

이 책의 차례

정답 및 해설

정답 및 해설

 01 전기를 아껴보자!

1 모범답안

0.8배

해설

(에어컨과 선풍기를 번갈아 사용할 때 월간 소비 전력량)÷(에어컨 1대의 월간 소비 전력량)으로 구할 수 있다.

(에어컨과 선풍기를 번갈아 사용할 때 월간 소비 전력량)=203.04 kWh

(에어컨 1대만 사용할 때 월간 소비 전력량)=253.8 kWh

이므로 203.04÷253.8=0.8 (배)이다.

 2 예시답안

- 차가운 물에 발을 담근다. 체온을 낮출 수 있기 때문이다.
- 주변에 물을 뿌린다. 물이 증발하면서 주위 열을 흡수해 시원해지기 때문이다.
- 햇빛이 비치는 곳에 은박돗자리를 덮어둔다. 햇빛이 은박돗자리에 반사되기 때문이다.
- 물에 젖은 수건을 목에 두른다. 물이 증발하면서 주위 열을 흡수해 시원해지기 때문이다.
- 나무가 많은 숲으로 간다. 나무 그늘에서 더위를 피할 수 있고, 나뭇잎이 증산 작용을 할 때 주위 열을 흡수하므로 시원해지기 때문이다.

해설

전기를 직접 사용하지 않고 더위를 피할 수 있는 방법을 찾는다.

 02 더 멀리 가려면?

1 모범답안

태영이네 자동차의 연비가 더 좋다.

해설

연비는 자동차가 단위 주행 거리 또는 단위 시간당 소비하는 연료의 양이다.

(태영이네 자동차가 1 km를 가는 데 필요한 연료의 양)

$$=12\frac{1}{5}\,L=\frac{61}{5}\,L=\frac{366}{30}\,L$$

(태경이네 자동차가 1 km를 가는 데 필요한 연료의 양)

$$=\frac{367}{30}\,L$$

$\frac{366}{30}<\frac{367}{30}$이므로 같은 거리를 가는 데 연료가 적게 든 태영이네 자동차의 연비가 더 좋다.

 2 예시답안

- 기어 변속을 제대로 한다.
- 급출발, 급가속, 급제동을 하지 않는다.
- 자동차에 불필요한 짐을 줄여 가볍게 한다.
- 이동하지 않을 경우 시동을 켜두지 않는다.

해설

차의 종류마다 다르지만 약 25 kg의 무게마다 연비가 약 1 % 이상 떨어진다. 따라서 불필요한 짐을 줄이고 기름을 가득 넣지 않는 것이 연비를 높이는 데 좋다. 또한, 급출발, 급가속, 급제동 등은 많은 연료를 사용하기 때문에 연비가 낮아지고, 이동하지 않을 때 시동을 켜두면 연료가 사용되므로 연비가 낮아진다. 낮은 기어를 놓고 높은 속도로 달리거나, 높은 기어를 놓고 낮은 속도로 달려도 연료 소모가 심해 연비가 낮아진다.

요금 폭탄을 피하려면?

1 모범답안

10000원으로 충전식 요금제는 약 397 MB의 데이터를 사용할 수 있고, A 요금제는 500 MB의 데이터를 사용할 수 있다. 약 397 MB보다 적은 데이터를 사용할 때는 충전식 요금제가 더 저렴하고, 약 397 MB 이상의 데이터를 사용할 때는 A 요금제가 더 저렴하다.

해설

충전식 요금제: $10000 \div 25.2 = 396.82 \cdots$ (MB)
10000원으로 약 397 MB의 데이터를 사용할 수 있다.

2 예시답안

- 할인 받을 수 있는 방법
- 매달 스마트폰 요금으로 지출 가능한 금액
- 음성통화, 문자메시지, 무선인터넷을 사용하는 정도
- 음성통화, 문자메시지, 무선인터넷을 사용하는 비율

60간지는 무엇일까?

1 모범답안

$3273 - 2025 = 1248$ (년)이며 $1248 \div 12 = 104$이므로 3273년은 뱀의 해이다.

해설

띠는 12년을 주기로 같은 띠가 되므로 2025년과 3273년의 차인 1248년을 12로 나누었을 때 나누어 떨어지면 같은 띠이다.

2 예시답안

최대공배수는 공배수 중에서 가장 큰 수이므로 필요 없다. 두 수의 공배수는 끝없이 계속되므로 가장 큰 수를 구할 수 없기 때문이다.

해설

예를 들어 두 수 2와 3의 공배수를 구하면 6, 12, 18, 24, …이므로 최소공배수인 6의 배수가 2와 3의 공배수이다. 6의 배수는 끝없이 증가하므로 2와 3의 최대공배수는 구할 수 없다.

05 샤를 법칙

1 **모범답안**

546 ℃

해설

2 L의 3배는 6 L이고 부피의 3배가 되는 온도를 □ ℃라 하면

$6=2+\dfrac{□}{273}×2$이므로 $4=\dfrac{□}{273}×2$

$2=\dfrac{□}{273}$, □=546

즉, 온도를 546 ℃까지 높여야 한다.

2 **모범답안**

온도가 1 ℃ 증가할 때마다 부피는 $\dfrac{1}{273}$씩 증가하므로

온도가 1 ℃ 감소할 때마다 부피는 $\dfrac{1}{273}$씩 감소한다.

$1-\dfrac{273}{273}×1=0$이므로 기체의 부피는 0 L가 될 것이다.

해설

샤를 법칙에 의하면 273 ℃에서 1 L의 부피를 가진 어떤 기체의 온도가 273 ℃ 낮아지면 기체의 부피가 0 L가 된다는 계산 결과를 얻을 수 있다. 하지만 실제 자연 상태에서 기체의 부피는 0 L가 되기 전에 액체나 고체로 상태가 변한다.

06 KTX는 얼마나 빠를까?

1 **모범답안**

1.92배

해설

$(속력)=\dfrac{(거리)}{(시간)}$이며, KTX의 속력을 자동차의 속력으로 나누어 구한다.

4시간 48분$=4\dfrac{48}{60}$시간$=4\dfrac{8}{10}$시간$=4.8$시간,

2시간 30분$=2\dfrac{30}{60}$시간$=2\dfrac{5}{10}$시간$=2.5$시간이므로

$(자동차의 속력)=\dfrac{390}{4.8}=81.25 \,(km/h)$,

$(KTX의 속력)=\dfrac{390}{2.5}=156 \,(km/h)$이다.

따라서 KTX의 속력은 자동차 속력의

$156÷81.25=1.92 \,(배)$이다.

2 **예시답안**

• 인터넷으로 검색한다.

• KTX를 관리하는 기관에 문의한다.

• KTX에 설치된 속도표시계를 보고 확인한다.

• 출발역과 도착역 사이의 거리와 가는 데 걸리는 시간으로 계산한다.

• KTX를 타고 스마트폰의 내비게이션을 실행하여 속력을 알아본다.

07   금보다 소중한 것

1   모범답안

20만 원

해설

원래 금 가격을 □만 원이라 하면

$\square \times \dfrac{5}{6} = 16\dfrac{2}{3}$ 이므로

$\square = 16\dfrac{2}{3} \div \dfrac{5}{6} = \dfrac{50}{3} \div \dfrac{5}{6} = \dfrac{50}{3} \times \dfrac{6}{5} = 20$

즉, 원래 금 가격은 20만 원이다.

2   예시답안

- 시간, 한 번 지나간 시간은 되돌릴 수 없기 때문이다.
- 가족, 사랑하는 가족은 무엇으로도 살 수 없기 때문이다.
- 자연(환경), 자연(환경)이 오염되거나 파괴되면 결국 인간도 살 수 없기 때문이다.
- 말, 말 한마디로 천 냥 빚을 갚을 수도 있고, 말 실수로 모든 것을 잃을 수 있기 때문이다.

08   500원짜리 동전

1   모범답안

0.946875 cm^2

해설

(원의 넓이)=(반지름)×(반지름)×(원주율)이다.

(500원짜리 동전의 반지름)=$2.65 \div 2 = 1.325$ (cm)

(500원짜리 동전의 넓이)=$1.325 \times 1.325 \times 3$
$= 5.266875$ (cm^2)

(100원짜리 동전의 반지름)=$2.4 \div 2 = 1.2$ (cm)

(100원짜리 동전의 넓이)=$1.2 \times 1.2 \times 3 = 4.32$ (cm^2)

(두 동전의 넓이의 차)
$= 5.266875 - 4.32 = 0.946875$ (cm^2)

2   예시답안

- 줄자를 이용해 측정한다.
- 동전을 만드는 한국조폐공사에 문의한다.
- 동전의 지름을 측정해 둘레의 길이를 계산한다.
- 동전 테두리에 종이테이프를 붙였다가 떼어낸 후 종이테이프의 길이를 측정한다.

해설

(원의 둘레)=(지름)×(원주율)로 구할 수 있다. 이 외에 줄자를 동전의 둘레에 둘러 직접 길이를 잴 수 있고, 줄자가 없으면 종이테이프나 끈, 실 등을 동전의 둘레에 둘러 표시한 후 표시한 길이를 재어 동전의 둘레의 길이를 알 수 있다.

정답 및 해설

 09 선거와 최소공배수

1 모범답안

- 가장 빠른 해: 2032년
- 두 번째 해: 2052년

해설

- 국회의원 선거는 4씩, 대통령 선거는 5씩 뛰어 세
  어 각 선거를 치르는 연도를 구한다.
  - 국회의원 선거: 2020년 − 2024년 − 2028년 −
    2032년 − 2036년 − 2040년 − 2044년 − 2048년
    − 2052년 − …
  - 대통령 선거: 2022년 − 2027년 − 2032년 − 2037년
    − 2042년 − 2047년 − 2052년 − …
- 두 선거를 동시에 치르는 가장 빠른 해를 구한 후
  4와 5의 최소공배수인 20을 더해 두 번째 해를
  구할 수도 있다. 즉, 2012년, 2032년, 2052년,
  2072년, …에 두 선거가 동시에 치러지는 것을
  확인할 수 있다.

 2 예시답안

- 찬성. 학생들의 교육과 생활에 영향을 줄 수 있는
  선거이므로 학생들이 선거에 참여해야 한다.
- 반대. 학생들은 아직 사회 경험이 부족하여 후보
  자의 공약이 실현 가능할지 불가능할지 판단할 능
  력이 부족하다. 따라서 선거는 어른이 되어 참여
  하는 것이 바람직하다.

해설

어느 주장이든 답이 될 수 있지만, 근거가 타당해야
한다.

 10 17년을 기다리는 매미

1 모범답안

102년

해설

- 17의 배수: 17, 34, 51, 68, 85, <u>102</u>, 119, 136,
  153, …
- 6의 배수: 6, 12, 18, 24, 30, 36, 42, 48, 54,
  60, 66, 72, 78, 84, 90, 96, <u>102</u>, 108, …

17과 6의 최소공배수는 102이므로 102년마다 한 번씩
만난다.

 2 모범답안

- 5의 약수: 1, 5
- 7의 약수: 1, 7
- 13의 약수: 1, 13
- 17의 약수: 1, 17
- 특징: 주어진 수는 약수가 1과 자기 자신, 2개밖에
  없는 수이다.

해설

1과 자기 자신 외의 어떤 수로도 나누어지지 않는 수
를 '소수'라 한다. 소수의 약수는 1과 자기 자신, 이
렇게 2개밖에 없다.

부가가치세

 모범답안

55000원

해설

(음식값)=32000+18000=50000 (원)

(부가가치세)=$50000 \times \frac{1}{10}=5000$ (원)

(전체 금액)=50000+5000=55000 (원)

우리나라는 보통 판매 가격의 $\frac{1}{10}$의 부가가치세를 받는데 처음부터 가격에 포함시켜 가격을 표기한다. 하지만 부가세(부가가치세) 별도라 적힌 식당에서는 음식값 외에 부가가치세를 별도로 내야 하므로 음식 값의 $\frac{1}{10}$을 구한 후 더하면 전체 금액을 구할 수 있다.

STEAM 2 **예시답안**

• 간접세, 모든 국민들에게 똑같은 혜택이 돌아갈 수 있는 일을 하기 위해서는 쉽게 세금을 거두는 것이 좋기 때문이다.

• 직접세, 소득이나 재산이 다른데 같은 세금을 내는 것은 불공평하기 때문이다.

해설

어느 주장이든 답이 될 수 있지만, 근거가 타당해야 한다. 간접세의 주요 세목은 부가가치세, 개별소비세, 주세, 인지세, 증권거래세 등이고, 직접세의 주요 세목은 소득세, 법인세, 상속세, 증여세, 취득세, 등록세, 주민세, 재산세 등이다. 간접세는 징세가 편하고 조세 수입의 확보가 쉽다. 반면에 개인의 사정을 고려하지 않으므로 소득이 적은 자에게 상대적으로 높은 조세 부담률이 적용되기도 한다. 직접세는 징세가 쉽지 않지만 소득 및 재산에 따라 과세하므로 합리적이다.

12 **나는 누구인가?**

1 **모범답안**

거울 속의 내 얼굴은 좌우가 바뀐 것이므로 사진 속의 내 얼굴이 진짜 내 얼굴이다.

해설

거울 속의 내 얼굴은 거울 면을 기준으로 면대칭인 모습으로, 좌우가 바뀐 모습이다. 우리는 대부분 거울을 통해 자신의 모습을 확인하기 때문에 거울 속의 내 얼굴이 익숙하다. 그래서 내 얼굴이 찍힌 사진을 보면 어색하게 느껴진다. 그러나 다른 사람이 보는 내 얼굴은 사진에 찍힌 내 얼굴과 같아서 다른 사람은 사진에 찍힌 내 얼굴을 이상하게 느끼지 않는다.

STEAM 2 **예시답안**

평소에 듣는 목소리는 공기와 머리뼈가 함께 진동하면서 전달되지만, 녹음된 목소리는 공기를 통해서만 전달되므로 다르게 느껴진다.

해설

자신의 목소리를 머리뼈의 진동없이 공기의 진동으로만 들으면 더 높고 가는 목소리로 들린다. 평소에 듣던 내 목소리와 녹음된 내 목소리 중 녹음된 목소리가 순수한 자신의 목소리에 가깝다.

13 내 안의 나, 프랙털

1 **모범답안**

해안선의 길이를 재는 단위의 길이가 짧을수록 해안선의 길이가 길어진다.

해설

- 200마일 단위로 잴 때: $200 \times 8 = 1600$ (마일)
- 25마일 단위로 잴 때: $25 \times 102 = 2550$ (마일)

1 cm와 같이 더 작은 단위 길이를 사용할 경우 모든 해안가의 짧은 곡선이 합산되어 해안선 측정값이 증가한다. 이처럼 측정 단위에 의해 합산된 곡선의 단위의 길이를 더 작게 할수록 전체 길이는 점차 커지며, 그 곡선을 프랙털 곡선이라 한다.

2 **예시답안**

- 산맥 모습
- 번개의 궤적
- 눈 결정 모양
- 나뭇가지의 모양
- 사람의 혈관 분포 형태
- 폐의 폐포(허파꽈리) 모양
- 상추 잎의 주름진 가장자리
- 뇌의 주름
- 강줄기 모양
- 브로컬리 꽃 모양
- 성에가 자라는 모습

해설

프랙털은 기본적인 형태 요소의 크기를 늘이거나 줄이면서 배열된다. 이런 기본 형태 요소가 끝없이 반복되면서 복잡하고 묘한 전체 구조를 만들며, 이 가운데서 통일성, 질서, 조화를 느낄 수 있게 한다.

14 별의 일주운동

1 **모범답안**

15시간 전

해설

별은 하루(24시간) 동안 1바퀴($360°$)를 움직이므로 $360° \div 24 = 15°$, 즉 1시간에 $15°$씩 움직인다.
별이 $225°$를 움직였다면 $225 \div 15 = 15$ (시간) 전부터 관측하기 시작했다.

2 **모범답안**

북극성

해설

별은 북극성을 중심으로 시계 반대 방향으로 1시간에 $15°$씩 움직이므로 12시간 동안 $15° \times 12 = 180°$를 움직인다.

15 어떻게 만들어야 할까?

 1 **모범답안**

육각기둥

해설

(각기둥의 면의 수)=(밑면의 변의 수)+2

(각기둥의 모서리의 수)=(밑면의 변의 수)×3

(각기둥의 꼭짓점의 수)=(밑면의 변의 수)×2

(각뿔의 면의 수)=(밑면의 변의 수)+1

(각뿔의 모서리의 수)=(밑면의 변의 수)×2

(각뿔의 꼭짓점의 수)=(밑면의 변의 수)+1

면의 개수가 8개인 입체도형은 육각기둥과 칠각뿔이다. 육각기둥의 꼭짓점의 개수는 12개, 모서리의 개수는 18개이고, 칠각뿔의 꼭짓점의 개수는 8개, 모서리의 개수는 14개이다. 따라서 이 중 꼭짓점과 모서리의 개수의 합이 30인 입체도형은 육각기둥이다.

 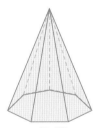

▲ 육각기둥   ▲ 칠각뿔

 STEAM 2 **예시답안**

• 직육면체 모양, 선물을 포장하기 쉽기 때문이다.

• 육각뿔 모양, 친구에게 기억에 남는 특별한 선물을 주고 싶기 때문이다.

해설

어떤 모양이든 답이 될 수 있지만, 근거가 타당해야 한다.

16 국보 제1호, 숭례문

 1 **예시답안**

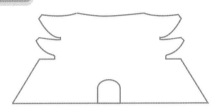

 STEAM 2 **예시답안**

• 돌이 지면과 평행하게 쌓여 있다.

• 기단의 전체적인 모양이 사다리꼴이다.

• 기단을 이루는 돌의 모양이 모두 직사각형이다.

• 평면을 빈틈없이 쌓는 테셀레이션이 활용되었다.

• 튼튼한 기단을 쌓기 위해 규칙적으로 돌을 쌓아 올렸다.

정답 및 해설

 17 길이 단위 Smoot

1 모범답안

619 m 48 cm

해설

1 Smoot=170 cm이므로

364.4×170=61948 cm=619 m 48 cm이다.

구글에서 Smoot를 길이의 단위로 채택했으며, 1 Smoot는 1.7018 m이다. 국제 표준 길이 단위는 미터법이다. 자나 저울 같은 것이 없었던 옛날에는 인체의 각 부위를 단위로 사용했다. 하지만 사회가 점차 발달함에 따라 나라 사이의 교류가 활발해지자 서로 물건을 바꾸어 쓸 일이 많아졌고, 사람들은 단위를 서로 통일해서 사용해야겠다는 생각을 하게 되었다. 미터법은 1799년에 프랑스에서 처음 사용하기 시작했고, 1875년에 여러 국가에서 미터법을 사용하자고 약속을 하면서 세계적으로 널리 쓰이게 되었다. 미터법에서 쓰이는 길이의 단위로는 밀리미터 (mm), 센티미터 (cm), 미터 (m), 킬로미터 (km)가 있다.

 STEAM **2** 예시답안

• 다리 위에서의 정확한 위치를 표현할 수 있다.
• 다리를 건널 때 지나온 거리나 남은 거리를 가늠해 볼 수 있다.

 18 새로운 단위

1 모범답안

105.6 m²

해설

1.818×1.818=3.305124 (m²)이므로

1평은 약 3.3 m²라 할 수 있다.

따라서 32평은 3.3×32=105.6 (m²)라 표현하는 것이 적절하다.

 STEAM **2** 예시답안

• 많은 사람이 약속된 단위를 사용할 수 있도록 잘 알린다.
• 기존의 단위를 사용할 수 있는 특별한 경우를 정해 허용해 준다.
• 약속된 단위가 아닌 다른 단위를 사용할 경우 벌금을 내도록 한다.

해설

정부는 2007년 계량에 관한 법률을 개정하면서 법정 계량형을 통일해 사용하도록 강제했다. 상거래 및 광고 등에서 법정 계량형을 사용하지 않을 경우 3년 이하의 징역이나 3000만 원 이하의 과태료를 물게 된다. 넓이나 길이를 나타내는 계량형을 cm, m, m² 등으로 통일했다. 전자업계는 인치 단위로 숫자를 쓴 뒤 '형'만 써넣어 관련 제재를 피하는 편법을 쓰고 있다. 세계 시장에서 통용되는 규격과 통일성을 위해 인치 단위를 배제하기 힘들므로, cm와 인치를 병행 표기하는 등 합리적인 대안이 필요하다고 주장한다. 전자업계가 '형'을 고집하는 이유는 세계 시장 규격과 통일성 및 과거 관습을 쉽게 버리지 못하기 때문이다. 세계 최대의 가전 소비 시장인 미국은 인치 단위를 쓴다. 미국 제품과 한국 제품을 함께 만들어야 하므로 인치 단위로 표준 제품을 만드는 게 편리하다는 설명이다.

19 A4 용지를 접어보자

1 모범답안

40.96 cm

해설

1장의 종이를 1번 접으면 $2(2 \times 1)$장,
2번 접으면 $4(2 \times 2)$장, 3번 접으면 $8(2 \times 2 \times 2)$장,
4번 접으면 $16(2 \times 2 \times 2 \times 2)$장, …의 규칙으로 종이를 겹친 것과 같다. 따라서 12번 접을 경우 2를 12번 곱한 값만큼 종이를 겹친 것과 같다.
(겹친 종이의 장 수)
$= 2 \times 2 \times 2 \times 2 \times 2 \times 2 \times 2 \times 2 \times 2 \times 2 \times 2 \times 2$
$= 4096$ (장)
A4 1장은 0.1 mm이므로 4096장의 두께는
$4096 \times 0.1 = 409.6$ (mm), 즉 40.96 cm이다.

2 예시답안

• 요일
• 태양의 이동에 따른 시각
• 무게, 시간, 길이 등의 단위
• 일, 월, 년으로 나타내는 날짜
• 덧셈과 뺄셈, 곱셈과 같은 연산기호
• 1~9로 나타내는 인도－아라비아숫자

해설

국제도량형총회에서 전류(A, 암페어), 온도(K, 켈빈), 길이(m)와 시간(s), 광도(cd) 등 단위의 국제 표준을 정의하는데, 대체로 4년을 주기로 개최된다. 현재 전 세계적으로 사용되는 국제단위계(SI)는 이 회의에서 결정되어 공표한 것이다. 정확성과 공정성을 확보하기 위하여 국제 표준을 정한다.

20 홈런이 되려면?

1 모범답안

752.4049 m²

해설

$27.43 \times 27.43 = 752.4049$ (m²)
홈과 1루, 2루, 3루를 이어서 생긴 사각형은 정사각형이고, 정사각형의 넓이는 (한 변)×(한 변)으로 구할 수 있다.

2 모범답안

홈에서 2루까지의 거리는 38.79 m이고 2루에서 3루까지의 거리는 27.43 m이다. 따라서 홈에서 2루까지의 거리가 더 멀기 때문에 공이 도착하는 데 더 많은 시간이 걸리므로 주자가 도루를 성공할 확률이 더 높다.

21 꼭꼭 씹어 먹기

1 **모범답안**

$64\ \text{cm}^2$

해설

정육면체를 수직으로 자르면 1번 자를 때마다 새로운 면이 2개씩 늘어난다. 새로운 면은 길이가 4 cm인 정사각형과 크기가 같다.

(한 변이 4 cm 정사각형의 넓이)$=4 \times 4 = 16\ (\text{cm}^2)$

정육면체를 2번 자르면 새로운 면이 4개 만들어지므로 늘어난 겉넓이는 $16 \times 4 = 64\ (\text{cm}^2)$이다.

2 **예시답안**

음식을 꼭꼭 씹어 먹으면 음식물의 크기가 작아지고, 겉넓이가 넓어지므로 소화가 잘된다.

해설

음식은 잘게 잘라진 후 소화 효소와 만나 분해된다. 음식을 꼭꼭 씹어 먹으면 음식물의 크기가 작아지고 겉넓이가 넓어지므로 소화 효소와 만나는 부분이 많아져 분해가 촉진되며 소화가 잘된다.

22 크기가 2배 더 큰 피자

1 **모범답안**

(반지름이 10 cm인 원의 넓이)
$=10 \times 10 \times 3.14 = 314\ (\text{cm}^2)$
(반지름이 20 cm인 원의 넓이)
$=20 \times 20 \times 3.14 = 1256\ (\text{cm}^2)$
$1256 \div 314 = 4$이므로 반지름이 20 cm인 원이 반지름이 10 cm인 원보다 4배 더 넓다.

해설

(원의 넓이)$=$(반지름)$\times$(반지름)$\times$(원주율)

원의 지름이 2배가 되면 반지름도 2배가 되므로 아래와 같이 구할 수 있다.

(원의 지름이 2배인 원의 넓이)
$=$(반지름$\times 2$)$\times$(반지름$\times 2$)$\times$(원주율)
$=4 \times$(반지름)$\times$(반지름)$\times$(원주율)

2 **모범답안**

피자를 원으로 가정했을 때 크기가 2배 더 큰 피자는 반지름이 2배가 아니라 원의 넓이가 2배이다.

해설

반지름이 10 cm인 원보다 넓이가 2배 더 큰 원의 반지름은 약 14 cm이다. 두 원의 지름을 비교해 보면 20 cm와 약 28 cm이므로 눈으로 봤을 때 차이가 크게 느껴지지 않을 수 있다.

(반지름이 10 cm인 원의 넓이)
$=10 \times 10 \times 3.14 = 314\ (\text{cm}^2)$
(반지름이 10 cm인 원보다 넓이가 2배 더 큰 원의 넓이)
$=314 \times 2 = 628\ (\text{cm}^2)$
(반지름)$\times$(반지름)$\times$(원주율)$=628\ (\text{cm}^2)$
(반지름)$\times$(반지름)$=200\ (\text{cm}^2)$
이때 $14 \times 14 = 196$, $15 \times 15 = 225$이므로
반지름은 약 14 cm이다.

23 강우량을 알아보자

1 **모범답안**

1766.25 cm^3

해설

(원기둥의 부피)＝(밑면의 넓이)×(높이)

(밑면의 넓이)＝(원의 넓이)

$\qquad$ ＝(반지름)×(반지름)×(원주율)

이므로

$7.5×7.5×3.14×10＝1766.25 \ (cm^3)$

STEAM 2 **예시답안**

아이오딘화 은, 드라이아이스, 염화 나트륨 등이 구름 입자를 뭉쳐 빗방울을 만들고 무거워진 빗방울이 떨어지면 비가 내린다.

해설

비가 내리려면 구름 입자가 뭉쳐 있어야 한다. 구름 입자를 뭉치게 하기 위해서 구름에 아이오딘화 은, 드라이아이스, 염화 나트륨 등의 응결핵을 뿌린다. 응결핵에 의해 구름 입자가 뭉쳐져 무거워지면 아래로 떨어지며 비가 내린다. 인공강우를 이용해 한쪽에 비를 내리게 하면 다른 지역은 가뭄에 시달릴 수 있다. 게다가 구름에 뿌린 응결핵으로 쓰인 화학 물질이 지구를 오염시킬 수 있고, 한 지역에 비를 몰아주면 다른 지역에 구름이 생기지 않아 자연적인 비마저도 내리지 않을 수 있다.

24 모두 몇 명일까?

1 **예시답안**

66000명

해설

페르미 추정법은 정보가 전혀 없고 짐작하기 힘든 전체값(숫자)을 어림할 때 사용하는 수학적 이론이다. 페르미 추정법은 정답을 구하는 것이 아니라 제한된 시간과 부족한 자료 속에서 생각하는 힘만으로 결과를 알아내는 것이 핵심이다. 페르미 추정법은 많은 오차가 발생할 수 있는 방법이지만 여러 곳에서 널리 사용되고 있다.

문제에서 앉아 있는 사람과 서 있는 사람의 비율이 같으므로 정사각형 모양 1개에 평균 5명이 있다고 볼 수 있다.

서울 시청 광장은 정사각형 13200개로 채울 수 있으므로 모인 사람 수를 구하면

$13200×5＝66000$ (명)이다.

STEAM 2 **예시답안**

- 한강의 물은 몇 리터인가?
- 부산에 있는 주유소는 몇 개인가?
- 서울 시내 영화관의 수는 몇 개인가?
- 우리나라 국군 장병의 수는 몇 명인가?
- 서울에 필요한 미용사 수는 몇 명인가?
- 골프공 표면의 작은 구멍은 몇 개인가?
- 제주도에 있는 바퀴벌레는 몇 마리인가?
- 제주도에 있는 렌터카의 수는 몇 대인가?
- 서울 시내에 10층 이상 건물은 몇 개인가?
- 남산을 인천으로 옮기려면 며칠이 걸릴까?
- 서울 시내 중국집의 한 달 음식 판매량은 얼마일까?
- 아이스링크장의 얼음으로 빙수를 몇 그릇 만들 수 있을까?

정답 및 해설

25 핼리 혜성

1 모범답안

2062년

해설

핼리 혜성은 76년마다 1번씩 관찰할 수 있으므로, 76씩 뛰어 세면 핼리 혜성을 관찰할 수 있는 연도를 구할 수 있다.

핼리 혜성을 관찰할 수 있는 연도는 1758년−1834년 −1910년−1986년−2062년−2138년−⋯이다.

2 모범답안

방법 1.

우영 혜성은 57년, 114년, 171년, 228년, 285년, 342년, ⋯ 후에 관찰할 수 있고, 핼리 혜성은 76년, 152년, 228년, 304년, ⋯ 후에 관찰할 수 있으므로 두 혜성을 함께 관찰할 수 있는 것은 228년 후이다.

방법 2.

우영 혜성은 57년, 핼리 혜성은 76년에 한 번씩 관찰할 수 있으므로 57과 76의 최소공배수인 228년 후에 두 혜성을 함께 관찰할 수 있다.

해설

두 혜성을 함께 관찰할 수 있는 연도를 구하기 위해서는 뛰어 세기나 57과 76의 공배수를 활용한다.

$57 = 19 \times 3$이고, $76 = 19 \times 2 \times 2$이므로 57과 76의 최소공배수는 $19 \times 3 \times 2 \times 2 = 228$이다.

26 계단을 오르는 방법

1 모범답안

구분	올라갈 수 있는 방법
첫 번째 칸	1가지 (1)
두 번째 칸	2가지 (1+1), (2)
세 번째 칸	3가지 (1+1+1), (1+2), (2+1)
네 번째 칸	5가지 (1+1+1+1), (1+1+2), (1+2+1), (2+1+1), (2+2)
다섯 번째 칸	8가지 (1+1+1+1+1), (1+1+1+2), (1+1+2+1), (1+2+1+1), (2+1+1+1), (1+2+2), (2+1+2), (2+2+1)

2 모범답안

987가지

해설

계단을 올라가는 방법의 가짓수가 피보나치 수열을 이룬다.

피보나치 수열: 1, 2, 3, 5, 8, 13, 21, 34, 55, 89, 144, 233, 377, 610, 987, ⋯

따라서 15칸의 계단을 올라가는 가짓수는 15번째 수인 987이다.

27 군수열

1 모범답안

주어진 수열을 (1), (1, 2), (1, 2, 3), (1, 2, 3, 4), (1, 2, 3, 4, 5), (1, 2, 3, 4, 5, 6), …으로 묶을 수 있다. 묶음 안의 수가 1부터 1씩 커지는 수들의 개수가 1개씩 늘어나는 규칙이 있다.

2 모범답안

150번째 수: 14

방법: 수의 개수가 첫 번째 묶음에는 수 1개, 두 번째 묶음에는 2개, 세 번째 묶음에는 3개, … 묶음마다 수가 1개씩 증가한다.

각 묶음의 수의 개수를 순서대로 더하면
1+2+ … +16+17=153이므로 150번째 수는 17번째 묶음의 14번째 수인 14이다.

28 개미 수열

1 모범답안

2행부터 윗줄에 나열된 수의 종류와 연속된 수의 개수를 순서대로 쓰는 규칙이다.

해설

1행 1
2행 11 → 윗줄에 1이 1개
3행 12 → 윗줄에 1이 2개
4행 1121 → 윗줄에 1이 1개, 2가 1개
5행 122111 → 윗줄에 1이 2개, 2가 1개, 1이 1개
6행 112213 → 윗줄에 1이 1개, 2가 2개, 1이 3개
　　　　　　：

2 모범답안

12221131

해설

6행이 112213이므로 1이 2개, 2가 2개, 1이 1개, 3이 1개이다. 따라서 7행은 12221131이다.

정답 및 해설

29 세균의 수

1 모범답안

1, 2, 4, 8, 16, 32, 64, 128, 256, 512, …

해설

아메바 1개가 분열하면 2개가 되고, 2개가 분열하면 4개가 되므로 앞의 수의 2배가 되는 수를 나열하는 규칙이다.

STEAM 2 모범답안

5분마다 2배로 늘어나는 세균 2마리가 병을 가득 채우는 데 1시간이 걸리므로 1마리의 세균이 병을 가득 채우는 데는 1시간 5분이 걸린다.

세균 1마리는 1시간 동안 유리병의 $\frac{1}{2}$을 채우고, 55분 동안 유리병의 $\frac{1}{4}$을 채우고, 50분 동안 유리병의 $\frac{1}{8}$을 채운다. 따라서 세균 1마리가 유리병의 $\frac{1}{8}$을 채우는 데 걸리는 시간은 50분이다.

해설

시간에 따른 세균 수는 다음과 같다.

시간(분)	0	5	10	15	20
세균 수(마리)	1	2	4	8	16
세균 수(마리)	2	4	8	16	32
시간(분)	25	30	35	40	45
세균 수(마리)	32	64	128	256	512
세균 수(마리)	64	128	256	512	1024
시간(분)	50	55	60	65	
세균 수(마리)	1024	2048	4096	8192	
세균 수(마리)	2048	4096	8192	16384	

2마리가 60분 동안 유리병을 가득 채웠으므로 1마리가 유리병을 가득 채우는 데 걸리는 시간은 65분이다.

30 하노이 탑

1 모범답안

7번

해설

3개의 원반을 옮기는 최소 횟수는 다음과 같다.

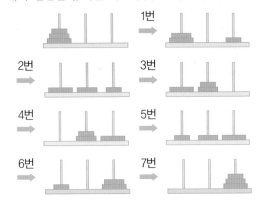

STEAM 2 모범답안

225번

해설

- 원반이 1개일 때: 1번, $1 = 2 - 1$
- 원반이 2개일 때: 3번, $3 = 2 \times 2 - 1$
- 원반이 3개일 때: 7번, $7 = 2 \times 2 \times 2 - 1$
- → 원반을 옮기는 최소 횟수는 2를 원반의 개수만큼 곱한 값에서 1을 뺀 값이다.

  따라서 8개의 원반을 옮기는 데 필요한 최소 횟수는 2를 8번 곱한 후 1을 빼서 구할 수 있다.

  $2 \times 2 \times 2 \times 2 \times 2 \times 2 \times 2 \times 2 - 1 = 255$ (번)

31 쌓기나무

1 **모범답안**

397개

해설

각 층의 쌓기나무의 개수는 다음과 같다.

층	100	99	98	97	...	1
쌓기나무 수(개)	1	5	9	13	...	?

100층은 1개, 99층은 5개, 98층은 9개의 쌓기나무가 필요하므로, 한 층 아래로 갈수록 쌓기나무의 개수가 4개씩 증가한다. 따라서 1층에 필요한 쌓기나무의 개수는 $1+99\times4=397$ (개)이다.

2 **모범답안**

19900개

해설

각 층의 쌓기나무의 개수는 1, 5, 9, 13, ..., 385, 389, 393, 397이다.

(1층의 쌓기나무의 수+100층의 쌓기나무의 수)
=(2층의 쌓기나무의 수+99층의 쌓기나무의 수)
=(3층의 쌓기나무의 수+98층의 쌓기나무의 수)
⋮
=(50층의 쌓기나무의 수+51층의 쌓기나무의 수)
=398

398이 50번 있으므로 필요한 쌓기나무의 개수는 $398\times50=19900$ (개)이다.

32 파이 데이

1 **모범답안**

• A: $12.56\div4=3.14$
• B: $21.98\div7=3.14$
• C: $31.4\div10=3.14$

규칙: A, B, C 계산 결과가 모두 3.14로 일정하다.

해설

(원주)÷(원의 지름)=(원주율)

2 **모범답안**

• B: $10\times10\times3.14=314$
• C: $20\times20\times3.14=1256$

원의 반지름이 2배 길어지면 원의 넓이는 4배 커진다.

해설

$78.5\times4=314$
$314\times4=1256$
(원의 지름이 2배인 원의 넓이)
=(반지름×2)×(반지름×2)×(원주율)
=4×(반지름)×(반지름)×(원주율)

33 나는 열혈 야구팬

1 모범답안

돼랑이 선수는 3경기당 1개의 홈런을 치므로 전체 경기를 3으로 나누면 144÷3=48이다.

따라서 돼랑이 선수가 올 한 해 칠 홈런의 개수는 48개로 예상할 수 있다.

2 모범답안

2번

해설

김별명 선수는 지난 46번의 기회와 오늘 4번의 기회를 합해 총 50번의 기회가 있다. 타율 0.300은 10번의 기회 중 3번의 안타를 치는 것이므로 50번의 기회라면 3×5=15 (번)의 안타를 쳐야 한다. 김별명 선수는 이미 13번의 안타를 기록하고 있으므로 2번의 안타를 더 쳐야 한다.

34 프로야구

1 모범답안

144경기

해설

10개의 팀이 모두 720경기를 치르고 1경기를 치르는데 2개의 팀이 경기를 하므로 한 팀당 1년에 치르는 경기 수는 720×2÷10=144 (경기)이다.

리그전의 경기 수는 참가하는 팀의 수보다 1 작은 수부터 1까지의 합을 구하거나,

{(팀의 수)×(팀의 수 − 1)}÷2로 구할 수 있다. 10개의 팀이 리그전을 할 경우 한 팀당 9경기를 하고 2팀씩 같은 경우가 1번씩 존재하므로 10×9÷2=45 (경기)로 구할 수 있다.

2 모범답안

1승 2패 또는 2무 1패

4개의 팀이 리그전으로 팀당 3경기씩 경기를 진행하면 총 6경기가 진행된다. 각 팀당 3경기를 하므로 승, 무, 패의 합은 3이고, 전체 4개의 팀의 승, 무, 패의 합은 12가 되어야 한다. 또한, 한 팀이 승리하면 다른 팀이 패하므로 전체 팀의 승수의 합과 전체 팀의 패수의 합이 같아야 한다. 화나 치킨스를 제외한 나머지 팀의 승, 무, 패를 모두 합하면 3승 4무 2패이므로 화나 치킨스의 3경기 결과는 패수가 승수보다 1경기 많아야 한다. 따라서 화나 치킨스의 승, 무, 패의 합이 3이면서 패수가 승수보다 1 많은 경우는 1승 2패와 2무 1패의 2가지 경우가 있다.

해설

화나 치킨스가 1승 2패일 경우 전체 팀의 승, 무, 패의 합은 4승, 4무, 4패로 총 12가 되고, 2무 1패일 경우 3승, 6무, 3패로 총 12가 된다.

35 지도와 4색 정리

1 　모범답안

24가지

　해설

A~D가 모두 서로 이웃하고 있으므로 A부터 순서대로 칠할 수 있는 색의 가짓수를 찾아보면 다음과 같다.

- A에 칠할 수 있는 색의 가짓수: 4
- B에 칠할 수 있는 색의 가짓수: 3 (A에 칠한 색 제외)
- C에 칠할 수 있는 색의 가짓수: 2 (A, B에 칠한 색 제외)
- D에 칠할 수 있는 색의 가짓수: 1 (A, B, C에 칠한 색 제외)

따라서 색을 칠할 수 있는 방법은 모두 $4 \times 3 \times 2 \times 1 = 24$ (가지)이다.

STEAM 2　예시답안

실제의 지도를 이용해 인접한 부분을 다른 색으로 칠해 보면 네 가지 색만으로 색칠할 수 있다. 따라서 모든 지도를 칠하는 데 4가지 색이면 충분할 것이다.

　해설

4색 정리는 1976년 8월 미국의 일리노이대학교의 K.아펠과 W.하켄 교수에 의하여 증명되었다. 먼저 지도를 그 특징에 따라 약 1,936개의 경우로 분류하고, 각각의 경우를 네 가지 색으로 칠하여 구분할 수 있다는 것을 전자계산기를 사용하여 수학적 귀납법으로 증명했다. 이 문제를 해결하기 위해 전자계산기를 1,200시간 가동했다.

36 택배 왔습니다

1 　모범답안

2가지

　해설

A에서 출발하여 모든 마을을 한 번씩만 들러야 하므로 한 번 지나간 길은 다시 지나갈 수 없다. 따라서 갈 수 있는 방법은 아래 2가지 경우이다.

A-C-B-D-E-F-A

A-F-E-D-B-C-A

STEAM 2　예시답안

- 특별 요청 사항이 있는가?
- 배달에 걸리는 시간은 어느 정도인가?
- 배달할 곳에 통행량이 많은 시간이 있는가?
- 배달할 곳을 모두 빠짐없이 지나는 경로인가?
- 배달해야 하는 곳의 총 이동 거리는 얼마인가?

37 복권

1 모범답안

$\dfrac{1}{20}$

해설

적어도 2등에 당첨되는 경우에는 1등에 당첨되는 경우와 2등에 당첨되는 경우가 있다.

1등은 1장이고 2등은 4장이므로 적어도 2등에 당첨되는 경우는 5가지이다.

따라서 적어도 2등에 당첨될 확률은 $\dfrac{5}{100}=\dfrac{1}{20}$ 이다.

STEAM 2 예시답안

• 장점
  - 복권은 생활 속의 건전한 오락으로 즐거움을 준다.
  - 복권에 당첨된다는 기대나 희망으로 즐거움을 얻을 수 있다.
  - 복권의 판매로 발생한 이익을 공익적 사업으로 활용해 사회에 기여할 수 있다.

• 단점
  - 복권에 중독될 수 있다.
  - 복권 당첨에 대한 기대로 일상생활을 소홀히 할 수 있다.
  - 쉽게 돈을 벌고 싶어 하는 사람들이 도박으로 활용할 수 있다.
  - 불법 사행성 도박이나 게임을 복권으로 대체하거나 흡수하는 역할을 한다.

 38 도형에서의 확률

1 모범답안

5가지

해설

14점이 되기 위해 필요한 점수는 $14-6=8$ (점)이므로 8점을 만들 수 있는 모든 경우의 수를 구한다.

(5가 1번 나오고 3이 1번 나온 경우),
(5가 1번 나오고 1이 3번 나온 경우),
(3이 2번 나오고 1이 2번 나온 경우),
(3이 1번 나오고 1이 5번 나온 경우),
(1이 8번 나온 경우)이다.

즉, 1, 3, 5의 합으로 8을 만들 수 있는 경우를 모두 찾는다.

$5+3=8$, $5+1+1+1=8$,
$3+3+1+1=8$, $3+1+1+1+1+1=8$,
$1+1+1+1+1+1+1+1=8$

따라서 구하는 경우의 수는 5가지이다.

STEAM 2 예시답안

• 첫 번째 과녁판, 두 번째 과녁판에서는 1점을 얻을 확률이 높기 때문이다.

• 두 번째 과녁판, 높은 점수를 한 번에 얻을 확률이 높기 때문에 10점을 집중 공략하면 첫 번째 과녁판보다 높은 점수를 내는 데 유리하기 때문이다.

• 상관없다. 두 과녁판은 모두 같은 넓이로 3등분하고, 각 점수를 합한 점수가 12로 같으므로 어느 과녁판을 선택하더라도 점수를 얻을 확률은 같기 때문이다.

해설

$3+4+5=12$, $1+1+10=12$이므로 수학적 확률로 비교할 때 다트를 여러 번 던지면 두 과녁판으로 얻을 수 있는 점수는 같다. 어느 주장이든 답이 될 수 있지만, 근거가 타당해야 한다.

39 몬티 홀 문제

1 모범답안

• 염소를 선택할 확률: $\frac{2}{3}$

• 고급 승용차를 선택할 확률: $\frac{1}{3}$

해설

3개의 문이 있으므로 전체 경우의 수는 3가지이고, 이 중 염소가 있는 문이 2개, 고급 승용차가 있는 문이 1개이므로 염소를 선택할 확률은 $\frac{2}{3}$이고, 고급 승용차를 선택할 확률은 $\frac{1}{3}$이다.

 2 모범답안

선택을 바꾸는 것이 유리하다.
출연자가 선택을 바꾸지 않는 경우에는 승용차를 선택할 확률은 $\frac{1}{3}$이지만, 선택을 바꿀 경우에는 고급 승용차를 선택할 확률이 $\frac{2}{3}$가 되기 때문이다.

해설

염소와 승용차가 배열되는 경우의 수는 3가지이다.

첫 번째 문	두 번째 문	세 번째 문
염소	염소	승용차
염소	승용차	염소
승용차	염소	염소

첫 번째와 두 번째 경우일 때 출연자가 첫 번째 문을 선택하면 몬티 홀이 각각 두 번째와 세 번째 문을 열어 염소를 보여준다. 이때 선택을 바꾸면 승용차를 얻을 수 있다. 세 번째 경우일 때 출연자가 첫 번째 문을 선택하면 몬티 홀이 두 번째나 세 번째 문을 열어 염소를 보여준다. 이때 선택을 바꾸면 승용차를 얻을 수 없다. 선택을 바꾸면 일어나는 모든 경우 3가지 중에서 승용차를 얻을 수 있는 경우는 2가지이므로 확률이 $\frac{2}{3}$가 된다. 따라서 선택을 바꾸는 것이 유리하다.

 40 동전의 가치

1 모범답안

15가지

해설

• 동전을 1개 사용하는 경우: 500원, 100원, 50원, 10원

• 동전을 2개 사용하는 경우: 600원, 550원, 510원, 150원, 110원, 60원

• 동전을 3개 사용하는 경우: 650원, 610원, 560원, 160원

• 동전을 4개 사용하는 경우: 660원

즉, 동전을 이용해 만들 수 있는 금액은 모두 15가지이다.

 2 모범답안

7원
두 동전을 각각 1개씩 사용하여 만들 수 있는 가장 작은 금액이 8원이기 때문이다.

해설

• 3원짜리 동전 여러 개를 사용하여 만들 수 있는 금액은 3, 6, 9, 12, …의 규칙으로 커진다.

• 5원짜리 동전 1개와 3원짜리 동전 여러 개를 사용하여 만들 수 있는 금액은 5, 8, 11, 14, 17, …의 규칙으로 커진다.

• 5원짜리 동전 2개와 3원짜리 동전 여러 개를 사용하여 만들 수 있는 금액은 10, 13, 16, 19, 21, …의 규칙으로 커진다.

따라서 두 동전을 사용하여 만들 수 없는 금액은 1원, 2원, 4원, 7원이며, 가장 큰 금액은 7원이다.

정답 및 해설

41 수선화의 생존 전략

1 모범답안

◯

해설

줄기의 구조가 나선형이므로 줄기를 자른 단면은 길쭉한 타원 모양이다.

STEAM 2 예시답안

• 안테나를 만드는 데 수선화 줄기의 구조를 활용하면 더 튼튼한 안테나를 만들 수 있을 것이다.
• 공장의 굴뚝에 수선화 줄기의 구조를 활용하면 좀 더 튼튼하게 굴뚝을 지탱할 수 있을 것이다.
• 다리를 지탱하는 줄에 수선화 줄기의 구조를 활용하면 바람에 더 안정적으로 다리를 지탱할 수 있을 것이다.

42 LMO, 재배 면적 감소

1 모범답안

1200 m

해설

$1.44 \text{ km}^2 = 1440000 \text{ m}^2$
$= 1200 \text{ m} \times 1200 \text{ m}$

STEAM 2 예시답안

• 장점: 많은 생산량으로 식량 문제를 해결할 수 있다.
• 단점: 유전자가 변형된 식물이므로 인간이나 생태계에 어떤 영향을 끼칠지 알 수 없다.
• 찬성: 식량이 부족해 어려움을 겪는 많은 사람을 도울 수 있다.
• 반대: 변형된 식물이 인간이나 생태계에 피해를 줄 수 있으므로 더 많은 연구가 필요하다.

해설

LMO와 GMO는 유전자를 퍼뜨릴 가능성이 있느냐 없느냐를 기준으로 구분한다. 우리나라로 수입되는 사료용 옥수수나 콩은 LMO이고, 통조림으로 들여오는 옥수수, 콩 등은 GMO이다. GMO보다는 LMO가 환경에 관한 위험성의 연구 대상이 된다.

43 지구의 자전 속도

1 모범답안

1180만 년

해설

124시간−23시간 56분 4초=3분 56초=236초

10만 년에 2초씩 길어지므로 236초가 길어지는 데 걸리는 시간을 □라 하자.

10만 년 : 2초=□ : 236초이므로 □=1180만 년 이다. 따라서 자전 주기가 정확히 24시간이 되려면 1180만 년이 걸린다.

STEAM 2 모범답안

현재 하루는 24시간이고 1년은 365일이므로 1년은 365×24=8760 (시간)이다.

4억 년 전 1년은 400일이었으므로 하루는 8760÷400=21.9 (시간)이다.

해설

지질학자들은 생물 화석에 나타난 성장선 간격과 개수를 분석하거나 퇴적암에 나타난 무늬의 간격과 개수를 분석해 먼 옛날 과거의 하루 길이를 계산한다. 해안가에서는 달의 인력에 의해 하루에 2번 밀물과 썰물이 나타나고, 한 달에 2번(상현달과 하현달) 밀물과 썰물의 흐름이 가장 느리고, 높이 차이가 가장 작다. 또한, 하지와 동지 때 밀물과 썰물의 흐름이 1년 중 가장 느리고, 높이 차이가 가장 작다. 해안가의 지층은 한 달에 2번 밀물과 썰물의 흐름이 느릴 때 알갱이의 크기가 작은 입자들이 쌓여 진한 퇴적층이 만들어지고, 1년에 2번 하지와 동지 때 가장 진한 퇴적층이 만들어진다. 퇴적암에서 짙은 무늬는 15일 간격을 나타내고, 더 진한 무늬는 6개월 간격을 나타낸다. 따라서 퇴적암에 새겨진 짙은 무늬를 세어보면 1년을 알 수 있다.

44 대각선의 개수

1 모범답안

9개

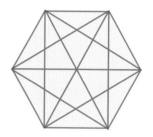

해설

육각형의 각 꼭짓점은 이웃하지 않은 꼭짓점이 3개씩 있기 때문에 한 꼭짓점에서 그을 수 있는 대각선의 개수는 3개이다.

꼭짓점이 6개 있으므로 6×3=18 (개)의 대각선을 그릴 수 있다. 그 중 중복되는 수를 제외하면 육각형의 대각선의 개수는 18÷2=9 (개)이다.

STEAM 2 모범답안

다각형의 변의 개수를 □개라 하면 대각선의 개수는 {□×(□−3)}÷2로 구할 수 있다.

해설

한 꼭짓점에서 그을 수 있는 대각선의 개수는 대각선을 시작하는 꼭짓점과 이웃하는 2개의 꼭짓점의 개수를 제외한 나머지 꼭짓점의 개수와 같다. 또, 각 꼭짓점에서 그은 대각선은 서로 같은 경우가 2가지가 있음을 고려해 식을 만들어야 한다.

정답 및 해설

 45 메시지 보내기

 1 모범답안

꽃미남

2 예시답안

원하는 글자나 문장을 입력할 때 눌러야 하는 횟수를 줄일 수 있다. 예를 들어 '깡통'을 입력하기 위해서 문제 1의 패드로는 11번(44412066230)을 눌러야 하지만 새로운 패드로는 8번(ㅋ120ㅌ230)이면 입력할 수 있다.

해설

문제 1의 입력방법은 3가지 모양으로 모든 모음을 입력하도록 만든 천지인 키보드의 모양이다. 이 방법은 과거 숫자 버튼을 눌러 한글을 입력하는 데 효과적인 방법이었다. 최근 스마트폰이 대중화되어 더 많은 버튼을 화면에 넣을 수 있게 되면서 버튼을 누르는 횟수를 줄이는 방법을 찾게 되었고, 컴퓨터 자판과 같은 모양(쿼티 키보드)의 입력 방법을 사용하는 경우도 많다. 문제 2의 입력방법은 천지인 키보드를 발전시킨 천지인 플러스이다.

 46 일기 예보

1 모범답안

46 %

해설

$$(\text{강수 예보 적중률}) = \frac{H}{H+F+M} \times 100$$
$$= \frac{3220}{3220+1969+1811} \times 100$$
$$= \frac{3220}{7000} \times 100 = 46 \, (\%)$$

 2 예시답안

- 야외 행사에 날씨가 큰 영향을 미치기 때문이다.
- 태풍, 쓰나미 등 자연재해로부터 대비할 수 있기 때문이다.
- 날씨에 따라 비행기, 선박 등의 운항이 결정되기 때문이다.
- 농사나 어업에서 기온과 강수량 등 날씨 예측이 중요하기 때문이다.
- 날씨 자료를 이용해 상품을 생산하고 새로운 물건을 개발하는 데 활용할 수 있기 때문이다.

해설

기상청은 매일 지방 기상대와 관측소에서 관측된 기상 변화를 전달받고, 인공위성으로 얻는 원격 탐사 자료 등을 취합하여 기상 변화를 예측한다. 기상 레이더를 사용하여 구름의 상태를 조사하고, 라디오존데를 이용하여 하늘 높은 곳의 기압, 기온, 습도 등을 관찰한다. 사람이 직접 일기를 관측하기 어려운 사막, 높은 산, 바다 등에는 기상 관측 로봇을 설치한다.

47 가위바위보

1

[모범답안]

$\dfrac{1}{3}$

[해설]

도영이와 태영이가 낼 수 있는 경우의 수는 각각 가위, 바위, 보의 3가지이므로 도영이와 태경이가 동시에 낼 수 있는 모든 경우의 수는 $3 \times 3 = 9$ (가지)이다. 이 중 도영이가 이기는 경우는

(도영 가위, 태경 보), (도영 바위, 태경 가위), (도경 보, 태경 바위)의 3가지이다.

따라서 도영이가 이길 확률은 $\dfrac{3}{9} = \dfrac{1}{3}$ 이다.

2

[예시답안]

가위를 낼 확률이 29.6 %이므로 가위보다는 보나 바위를 낼 확률이 조금 높다. 따라서 보를 내면 가위바위보에서 이길 확률이 높다.

[해설]

두 사람이 가위바위보를 할 때 모두 가위, 바위, 보의 3가지 중 하나를 낼 수 있으므로 모든 경우의 수는 $3 \times 3 = 9$ (가지)이다. 이 가운데 비기는 경우는 같은 모양을 내는 3가지 경우이므로, 무승부가 될 확률은 $\dfrac{3}{9} = \dfrac{1}{3} =$ 약 33 %, 승부가 날 확률은 $\dfrac{6}{9} = \dfrac{5}{3} =$ 약 67 % 이다. 연구 결과 가위를 낼 확률이 29.6 %로, 가위바위보 중 하나를 낼 확률(약 33.3 %) 보다 작다. 상대방이 가위보다는 보나 바위를 낼 확률이 조금 높으므로, 이기기 위한 최선의 방법은 보를 내는 것이다. 이 작은 확률의 차이가 가위바위보 전술을 모르는 상대방에게는 매우 유용하다.

48 데이터의 기본 단위

1

[모범답안]

1024바이트

[해설]

1바이트를 2배씩 10번 계산하는 것은 1바이트에 2를 10번 곱하는 것과 같다.

$1 \times 2 \times 2 \times 2 \times 2 \times 2 \times 2 \times 2 \times 2 \times 2 \times 2 = 1024$

1바이트의 1024배가 1킬로바이트이지만 보통 편한 계산과 표현을 위해 1킬로바이트를 1바이트의 1000배로 표현한다.

2

[모범답안]

256가지

[해설]

컴퓨터는 이진법을 사용하므로 1비트에 들어갈 수 있는 숫자는 0과 1의 2가지이다. 비트 8개가 모여 1바이트를 구성하므로 1바이트로 표현할 수 있는 서로 다른 경우는 2를 8번 곱하여 구할 수 있다.

$2 \times 2 \times 2 \times 2 \times 2 \times 2 \times 2 \times 2 = 256$

49 미세먼지의 습격

1 모범답안

18.9 mg

해설

황산염, 질산염 등의 성분은 58.3 %, 광물 성분은
6.3 %이므로 두 성분의 비는 58.3 : 6.3이다.
광물 성분을 □ mg이라 하고 비례식을 세우면
58.3 : 6.3 = 174.9 : □이므로
□ = 6.3 × 174.9 ÷ 58.3
□ = 18.9
따라서 광물 성분은 18.9 mg이다.

 STEAM 2 예시답안

- 위성 관측 자료를 보면 우리나라와 가까운 중국의
  미세먼지 농도가 세계에서 가장 높으므로 중국과
  가까운 곳에 위치한 우리나라의 미세먼지의 원인은
  중국에서 유입되는 미세먼지에 있을 것이다.
- 우리나라 지역별 미세먼지 농도를 보면 중국에서
  가장 가까운 백령도보다 서울이나 대전, 광주의
  미세먼지 농도가 더 높으므로 공장이나 발전소,
  자동차와 같은 국내에서 발생하는 미세먼지가 많
  다고 볼 수 있다.

해설

우리나라에 영향을 주는 미세먼지는 중국에서의 유
입이 59 %, 국내 수도권에서의 발생이 27 %, 국내
지방에서의 발생이 약 14 %를 차지한다.

 50 자전거 바퀴 모양

1 모범답안

뢸로 삼각형이나 뢸로 오각형으로 만든 바퀴는 폭이
일정하여 바닥을 굴러갈 때 높이가 변하지 않기 때
문이다.

해설

정삼각형이나 정오각형으로 바퀴를 만들면, 바퀴 중
심과 땅 사이의 거리가 들쭉날쭉해서 잘 굴러가지
못하고 매우 위험하다. 정삼각형이나 정오각형 도형
을 바퀴로 사용하려면 폭이 일정한 정폭도형으로 만
들어야 한다.

 STEAM 2 예시답안

- 뢸로 삼각형 로봇청소기: 구석진 곳도 청소할 수
  있다.
- 사각 드릴: 삼각형 모양의 드릴로 사각형 구멍을
  낼 수 있다.
- 맨홀 뚜껑: 도형의 폭이 같기 때문에 뚜껑이 구멍
  아래로 떨어지지 않는다.
- 팽이: 뢸로 삼각형의 대칭축을 중심으로 회전시킨
  입체도형인 마이스너 사면체이다.
- 소화전 마개: 보통의 렌치로는 미끄러질 뿐 돌릴
  수가 없고, 특수 모형의 렌치로만 열 수 있다.
- 기타 피크: 좁은 부분은 줄을 튕길 때 사용하고 넓
  은 쪽은 안정적으로 손에 쥘 수 있어 편리하다.
- 삼각 연필: 세 면이 있어 가볍게 쥘 수 있고, 무게
  중심이 가운데 고정되어 있어 안정적이다. 또한,
  책상에 놓았을 때 잘 굴러가지 않는다.
- 동전: 영국은 1달러 뢸로 삼각형 동전과 20펜스
  와 50펜스 뢸로 칠각형 동전이 있고, 인도는 뢸로
  십일각형 2루피 동전이 있다. 자판기는 각 동전의
  폭을 감지하여 금액을 인식하므로 정폭도형이어야
  한다.

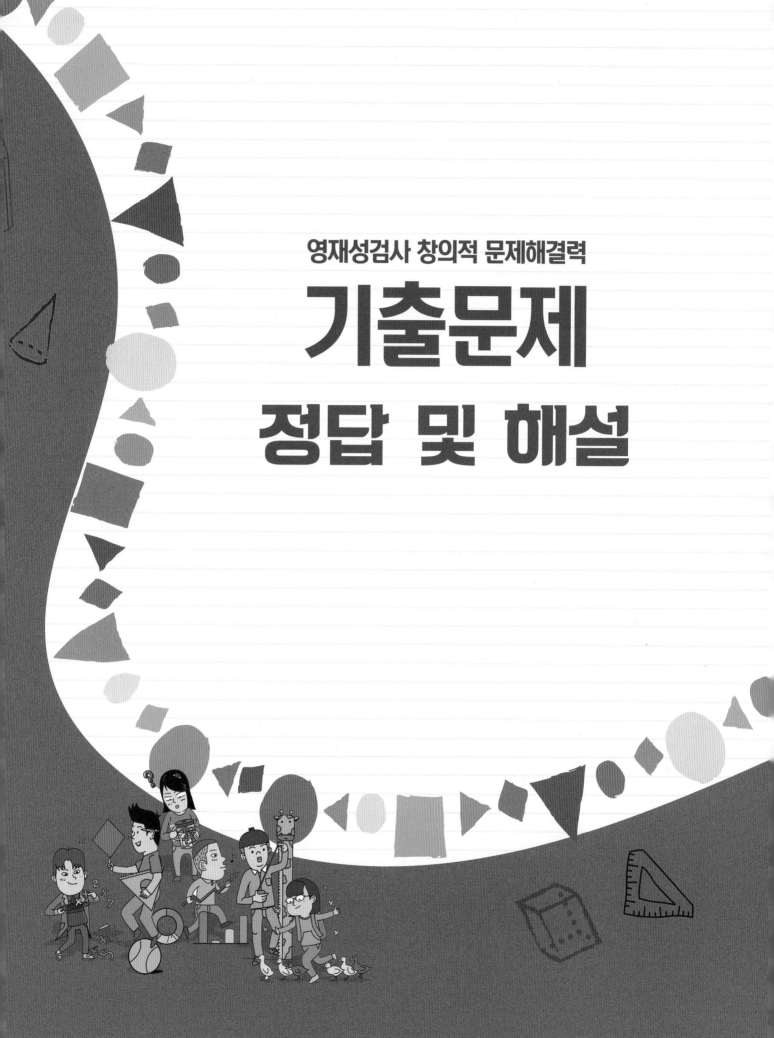

영재성검사 창의적 문제해결력

기출문제
정답 및 해설

정답 및 해설

1 모범답안

54마리

해설

3년 전 토끼의 수를 □라 하면 3년 전 늑대의 수는
$100-□$이다.

2년 전 토끼의 수는 $□×2-(100-□)=□×3-100$,

2년 전 늑대의 수는 $□-(100-□)=□×2-100$이다.

1년 전 토끼의 수는

$(□×3-100)×2-(□×2-100)=□×4-100$,

1년 전 늑대의 수는

$□×3-100-(□×2-100)=□$이다.

현재 토끼의 수는 $(□×4-100)×2-□=□×7-200$,

현재 늑대의 수는 $□×4-100-□=□×3-100$이다.

현재 토끼의 수와 늑대의 수의 합은 240마리이므로

$□×7-200+□×3-100=240$,

$□×10=540, □=54$

따라서 3년 전 토끼는 54마리이다.

[단위: 마리]

	토끼의 수	늑대의 수	합계
3년 전	54	46	100
2년 전	62	8	
1년 전	116	54	
현재	178	62	240

2 예시답안

• 외부의 물이 저장고로 들어오지 못하게 방수처리한다.

• 씨앗을 산소와 수분을 제거하고 봉투에 밀봉하여 보관한다.

• 씨앗의 발아를 막기 위해 저장고의 온도를 영하 18 ℃로 유지한다.

• 화산이나 지진 등 자연재해를 견딜 수 있는 저장고로 만들어야 한다.

• 저장고의 전기가 공급되지 않더라도 저온 상태를 유지할 수 있는 곳에 설치해야 한다.

해설

산소와 물기를 제거한 종자는 밀봉된 봉투에 포장되어 길이 27 m, 너비 10 m의 저장고 세 곳에 보관되는데, 저장고의 온도는 영하 18 ℃로 유지해 종자의 발아를 막고 신진대사를 최대한 늦춘다. 만일 저장고의 전기가 끊기거나 발전 시설에 고장이 나더라도 영구동토층에 위치해 있어서 영하 3.5 ℃의 저온 상태를 유지할 수 있다. 또한, 지구 온난화로 해수면이 상승해 저장고가 침수되는 일을 막기 위해 해발 130 m, 암반층 내부의 120 m 지점에 저장고를 만들었다. 리히터 규모 6.2의 강진 등 외부에서 가해지는 어떠한 충격에도 버틸 수 있도록 내진설계가 되었는데, 만약 이 설계가 제 역할을 하지 못하게 되더라도 천연의 암반층이 최후의 보루로 저장고를 지켜줄 거라 한다. 2010년까지 세계 각지에서 수집하거나 각국의 정부, 단체, 개인 등이 기탁한 종자는 약 50만 종이었으며 2020년 2월에는 세계 각국에서 맡긴 종자 100만 종이 보관되어 있다. 각 품종당 평균 5백 개의 씨앗을 보관하며, 발아율을 유지하기 위해 20년마다 종자를 새 것으로 교체한다. 저장고 내부의 공기는 겨울마다 두 차례씩 갈아줘야 하는데, 핵전쟁과 같은 재난으로 저장고를 밀폐해야만 하는 경우에는 영구동토층이 그 역할을 맡게 된다. 우리나라도 세계식량농업기구(FAO)와 종자기탁협정서를 체결해 아시아 최초로 한국산 벼, 보리, 콩, 땅콩, 기장, 옥수수 등 국내 씨앗 5천여 종을 맡겼으며, 현재 총 만오천여 종의 종자가 보관되어 있다.

3 모범답안

(1) 다음과 같이 표를 만든 후 3의 배수와 5의 배수는 회색으로 칠한다. 각 세로줄에서 회색으로 칠해진 수의 아래에 있는 수는 파란색으로 칠하고, 이 수들은 5를 계속 더하여 만들 수 있다. 이때 회색이나 파란색으로 칠해진 수는 과녁에 활을 쏠 때 나올 수 있는 점수이다. 따라서 1점부터 50점까지의 점수 중 나올 수 없는 점수는 1점, 2점, 4점, 7점이다.

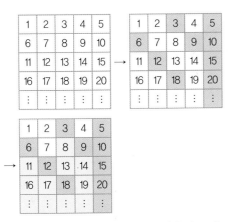

(2) 다음과 같이 표를 만든 후 4의 배수와 7의 배수
는 회색으로 칠한다. 각 세로줄에서 회색으로 칠
해진 수의 아래에 있는 수는 파란색으로 칠하고,
이 수들은 7을 계속 더하여 만들 수 있다. 이때
회색이나 파란색으로 칠해진 수는 과녁에 활을
쏠 때 나올 수 있는 점수이다. 따라서 1점부터
150점까지의 점수 중 나올 수 없는 가장 큰 점수
는 17점이다.

1	2	3	4	5	6	7
8	9	10	11	12	13	14
15	16	17	18	19	20	21
22	23	24	25	26	27	28
⋮	⋮	⋮	⋮	⋮	⋮	⋮

↓

1	2	3	4	5	6	7
8	9	10	11	12	13	14
15	16	17	18	19	20	21
22	23	24	25	26	27	28
⋮	⋮	⋮	⋮	⋮	⋮	⋮

(3) 다음과 같이 표를 만든 후 2의 배수, 5의 배수,
8의 배수는 회색으로 칠한다. 각 세로줄에서 회
색으로 칠해진 수의 아래에 있는 수는 파란색으
로 칠하고, 이 수들은 8을 계속 더하여 만들 수
있다. 이때 색칠하지 않은 수 중에서 각 세로줄
마다 2와 5, 2와 8, 5와 8의 합으로 만들 수 있는
가장 작은 수를 진한 파란색으로 칠한다. 진한
파란색으로 칠해진 수의 아래에 있는 수는 파란
색으로 칠하고, 이 수들은 8을 더하여 만들 수
있다. 따라서 1점부터 100점까지의 점수 중 나올

수 없는 점수는 1점, 3점으로 모두 2개이다.

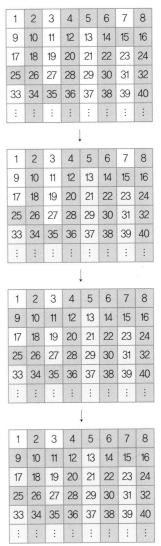

해설

1 이외의 공약수를 가지지 않는 자연수를 여러 번 더
할 때 만들 수 없는 가장 큰 수를 구하는 문제를 프
로베니우스 문제 또는 동전 문제라 하며, 만들 수 없
는 가장 큰 수를 프로베니우스의 수라 한다. 이것은
독일의 수학자 페르디난트 게오르그 프로베니우스의
이름을 딴 것이다. 1 이외의 공약수를 가지지 않는
두 수 □와 ○가 있을 때 프로베니우스의 수는
(□−1)×(○−1)−1로 구할 수 있다. 1 이외의 공약
수를 가지지 않는 수가 3개 이상일 때 프로베니우스
의 수를 구하는 공식은 아직 알려지지 않았다.

4 모범답안

(1) 64마리

(2) 7168마리

해설

(1) 시간당 새로 생겨난 생명체 X의 수는 다음 표와
같다.

시각	생명체 X의 수
오전 9시	1마리
오전 10시	2마리
오전 11시	4마리
오후 12시	8마리
오후 1시	16마리
오후 2시	32마리
오후 3시	64마리

따라서 오후 3시에 새로 생겨난 생명체 X는 64마
리이다.

(2) 생명체 X의 생존 시간은 2시간 30분이므로 3시
간 전인 오후 6시까지 만들어진 생명체 X는 모
두 죽고 없다. 오후 9시에 생존해 있는 생명체 X
의 수는 오후 9시에 새로 생겨난 생명체 X와 오
후 8시와 오후 7시에 생겨난 생명체 X이다.

7시에 생겨난 생명체 X의 수는

$1 \times 2 \times 2 \times 2 \times 2 \times 2 \times 2 \times 2 \times 2 \times 2 \times 2$
$=1024$ (마리)

8시에 생겨난 생명체 X의 수는

$1024 \times 2 = 2048$ (마리)

9시에 생겨난 생명체 X의 수는

$2048 \times 2 = 4096$ (마리)

따라서 오후 9시에 생존해 있는 생명체 X의 수는
$1024 + 2048 + 4096 = 7168$ (마리)이다.

5 모범답안

①번 방향	②번 방향
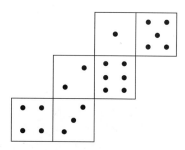	

해설

3층 주사위 눈의 수가 1인 반대쪽 면에 올 수 있는
눈의 수는 3 또는 4이다. 그런데 2층 주사위 옆면에
눈의 수가 4인 면이 있으므로 3층 주사위와 2층 주
사위가 만나는 면에 적힌 눈의 수의 합이 8이 되려면
눈의 수가 1인 반대쪽 면 눈의 수는 3이고, 2층 주사
위 윗면 눈의 수는 5이다. 따라서 주어진 주사위 모
양으로 주사위 눈의 수를 전개도에 나타내면 다음과
같다.

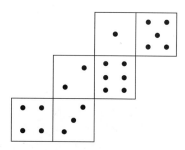

2층 주사위 아랫면의 눈의 수가 2이므로 1층 주사위
윗면의 눈의 수는 6이다.

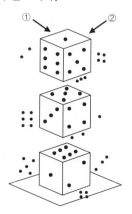

6 모범답안

사람＼결과	승	무	패
A	3	1	0
B	2	2	0
C	2	1	1
D	1	0	3
E	0	0	4

또는

사람＼결과	승	무	패
A	3	1	0
B	2	2	0
C	1	2	1
D	1	1	2
E	0	0	4

해설

B는 나는 한 판도 안 졌다고 했으므로 패는 없고, 승과 무만 있다.

E는 나만 다 졌다고 했으므로 E는 4패로 0점이다.

A가 B보다 점수가 높으려면 A와 B는 무승부이고 A는 나머지 경기가 모두 승이어야 한다.

가능한 경우는 다음과 같은 2가지 경우이다.

팀＼상대팀	A	B	C	D	E
A		무	승	승	승
B	무		무	승	승
C	패	무		승	승
D	패	패	패		승
E	패	패	패	패	

사람＼결과	승	무	패	점수
A	3	1	0	7
B	2	2	0	6
C	2	1	1	5
D	1	0	3	2
E	0	0	4	0

팀＼상대팀	A	B	C	D	E
A		무	승	승	승
B	무		무	승	승
C	패	무		무	승
D	패	패	무		승
E	패	패	패	패	

사람＼결과	승	무	패	점수
A	3	1	0	7
B	2	2	0	6
C	1	2	1	4
D	1	1	2	3
E	0	0	4	0

7 모범답안

(1) 2201년 4월 43일

(2) 2202년 3월 30일

해설

(1) 지구에서는 1년이 365일이고, 1달이 30~31일이고, 2월이 28일이다. 화성에서는 1년이 687일이고, 1달이 57~58일이면, 2월은 53일이다.

212일을 화성의 날짜로 표현하면 1월 58일, 2월 53일, 3월 58일, 4월 57일이고

212−58−53−58=43이므로 화성에 도착한 날짜는 2201년 4월 43일이다.

(2) 212일+30일+212일=454일이므로 1년(365일)이 지나고 454일−365일=89일이 더 지났다.

89일은 1월 31일, 2월 28일, 3월 31일이고,

89−31−28=30이므로 지구에 도착한 날짜는 2202년 3월 30일이다.

8 모범답안

									1
								1	1
							1	2	1
						1	3	3	1
					1	4	6	4	1
				1	5	10	10	5	1
			1	6	15	20	15	6	1
		1	7	21	35	35	21	7	1
	1	8	28	56	70	56	28	8	1
1	9	36	84	126	126	84	36	9	1

① 오른쪽 첫 번째 세로줄은 1이 반복된다.

② 오른쪽 두 번째 세로 줄은 1, 2, 3, 4, …로 1씩 커지는 규칙이다.

③ 왼쪽 첫 번째 대각선(╱)은 1이 반복된다.

④ 왼쪽 두 번째 대각선(╱)은 1, 2, 3, 4, …로 1씩 커지는 규칙이다.

⑤ 짝수 번째 줄 가운데 같은 두 수(◻)가 반복된다.

⑥ $1+4=5$, $6+15=21$, $8+28=36$과 같이 ⌐ 모양에서 윗줄 두 수의 합은 아랫줄의 수와 같다.

⑦ 각 가로줄의 합이 1, $1+1=2$, $1+2+1=4$, $1+3+3+1=8$, $1+4+6+4+1=16$, …으로 2의 거듭제곱의 꼴이다.

9 모범답안

(1) 11번

(2)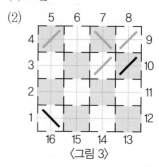
〈그림 3〉

해설

홀수 번째로 통과하는 방은 가림판의 모양이 바뀌고, 짝수 번째로 통과하는 방은 가림판의 모양이 그대로이다.

(1)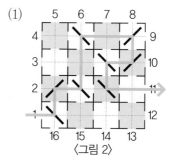
〈그림 2〉

(2)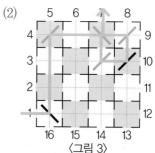
〈그림 3〉

10 모범답안

(1) B: 토끼풀, C: 토끼, D: 늑대

(2) C가 갑자기 감소하면 C를 먹는 D도 감소하지만 C가 먹는 B는 증가할 것이다. 그러면 먹이가 늘어난 C는 다시 증가할 것이고, C가 증가하면 D도 증가할 것이다.

(3) 과정 ⑤: 접시의 내부 온도를 각각 10 ℃, 15 ℃, 20 ℃, 25 ℃, 30 ℃로 맞춘다.

해설

(1) B는 핵이 있고 세포벽이 있으며 증산 작용을 하므로 식물인 토끼풀이다. C는 핵이 있고 세포벽이 없으므로 동물이고, 천적이 있으므로 1차 소비자인 토끼이다. D는 핵이 있고 세포벽이 없으므로 동물이며, 송곳니가 발달하고 천적이 없으므로 최종 소비자인 늑대이다. A는 핵이 없는 대장균이다.

(2) 1차 소비자가 감소하면, 1차 소비자를 먹는 2차 소비자도 감소하지만 생산자는 증가한다. 시간이 지나면 생산자가 많아지므로 1차 소비자가 다시 증가하고, 1차 소비자가 증가하면 2차 소비자도 증가한다.

(3) 가설을 통해 차가운 곳과 따뜻한 곳에서 A의 수가 어떻게 변하는지 알아보는 실험인 것을 알 수 있다. 따라서 온도를 다르게 하여 실험한다.

11 모범답안

1. 기준 (가) 금속인 원소 /
   기준 (나) 밀도가 $1 \, g/m^3$ 이하인 원소

2. 기준 (가) 전기음성도가 1 이하인 원소 /
   기준 (나) 밀도가 $1 \, g/m^3$ 이하인 원소

3. 기준 (가) 반지름이 100 pm 이상인 원소 /
   기준 (나) 밀도가 $1 \, g/m^3$ 이하인 원소

12 예시답안

(1) 산불이 나면 자이언트 세쿼이아 나무 주변의 다른 나무가 제거되어 빛이 잘 들어온다. 또한, 물이나 양분을 얻기 위해 다른 식물들과 경쟁하지 않아도 되기 때문에 잘 자랄 수 있다.

(2) 나무껍질이 두껍고 수분을 많이 머금고 있어 발화점 이상으로 높아지기 힘들기 때문이다.

(3) 솔방울의 수분이 모두 증발하면 솔방울 조각이 수축하여 사이가 벌어져 씨앗이 나온다.

해설

자이언트 세쿼이아 나무는 직사광선이 비치는 곳에서 잘 자라며 그늘에서는 잘 자라지 못한다. 씨앗이 발아하고 묘목이 자라려면 직사광선을 잘 받아야 하는데 주변에 식물이 있으면 묘목이 잘 자라지 못하기 때문이다. 자이언트 세쿼이아 나무는 몇십 미터 공중에서 처음 나뭇가지가 뻗고 잎이 나온다. 산불이 발생하더라도 아랫부분은 나무껍질이 두껍고 수분을 많이 머금고 있어 발화점 이상으로 높아지기 힘들어 잘 타지 않고, 불이 나뭇가지와 잎이 있는 높이까지 도달하기 어려우므로 산불이 발생하더라도 완전히 타지 않고 살아남는다. 불이 나지 않으면 솔방울이 터지지 않고 나무에 달린 상태로 200년을 버티기도 한다. 솔방울은 여러 개의 솔방울 조각(실편)이 모여 이루어져 있는데, 비가 오면 씨앗을 보호하기 위해 오므라들고 맑은 날에는 씨앗을 퍼트리기 위해 활짝 열린다.

정답 및 해설

13

예시답안

① 바닷물에서 소금을 빼면 담수가 플러스다.
② 비만인 사람이 살을 빼면 건강이 플러스다.
③ 아파트에서 층간 소음을 빼면 행복함이 플러스다.
④ 제품에서 과대 포장을 빼면 지구 환경에 플러스다.
⑤ 음식을 포장할 때 공기를 빼면 신선함이 플러스다.
⑥ 생활 속 플라스틱 사용을 빼면 지구 환경에 플러스다.
⑦ 디젤 차량에서 요소수를 빼면 산성비 피해는 플러스다.
⑧ 소 방귀에서 메테인 가스를 빼면 지구 환경에 플러스다.
⑨ 콘센트에서 쓰지 않는 플러그를 빼면 전기 절약이 플러스다.

14

예시답안

① 방수되는 스마트폰
② 비를 튕겨내어 젖지 않는 우산
③ 음식이 눌어붙지 않는 프라이팬
④ 액체와 먼지가 묻지 않는 코팅을 한 유리
⑤ 김치 국물이나 음료 등을 쏟아도 묻지 않은 옷
⑥ 액체와 먼지가 묻지 않는 페인트로 세차를 하지 않아도 깨끗한 차

시대에듀와 함께 **꿈을 키워요!**
www.**sdedu**.co.kr

안쌤의 STEAM+창의사고력 수학 100제 초등 6학년

초판2쇄 발행	2025년 01월 10일 (인쇄 2024년 11월 12일)
초 판 발 행	2023년 05월 03일 (인쇄 2023년 03월 17일)
발 행 인	박영일
책 임 편 집	이해욱
편 저	안쌤 영재교육연구소
편 집 진 행	이미림
표 지 디 자 인	박수영
편 집 디 자 인	채현주 · 윤아영
발 행 처	(주)시대에듀
출 판 등 록	제 10-1521호
주 소	서울시 마포구 큰우물로 75 [도화동 538 성지 B/D] 9F
전 화	1600-3600
팩 스	02-701-8823
홈 페 이 지	www.sdedu.co.kr
I S B N	979-11-383-4895-9 (64400)
	979-11-383-4894-2 (64400) (세트)
정 가	17,000원

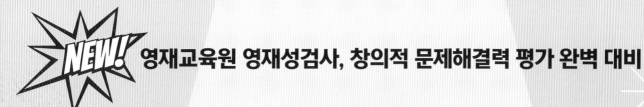

안쌤의
STEAM+창의사고력
수학 100제 시리즈

수학사고력, 창의사고력, 융합사고력 향상
창의사고력 3단계 학습법
영재교육원 창의적 문제해결력 기출문제 및 풀이 수록

안쌤의
STEAM
+창의사고력
수학 100제
초등 6학년

시대에듀

발행일 2025년 1월 10일 | **발행인** 박영일 | **책임편집** 이해욱 | **편저** 안쌤 영재교육연구소
발행처 (주)시대에듀 | **등록번호** 제10-1521호 | **대표전화** 1600-3600 | **팩스** (02)701-8823
주소 서울시 마포구 큰우물로 75 [도화동 538 성지B/D] 9F | **학습문의** www.sdedu.co.kr

코딩·SW·AI 이해에 꼭 필요한 초등 코딩 사고력 수학 시리즈 ③

- 초등 SW 교육과정 완벽 반영
- 수학을 기반으로 한 SW 융합 학습서
- 초등 컴퓨팅 사고력 + 수학 사고력 동시 향상
- 초등 1~6학년, SW영재교육원 대비

안쌤의 수·과학 융합 특강 ④

- 초등 교과와 연계된 24가지 주제 수록
- 수학 사고력 + 과학 탐구력 + 융합 사고력 동시 향상

※도서의 이미지와 구성은 변경될 수 있습니다.

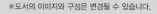

안쌤의 신박한 과학 탐구보고서 시리즈 ⑤

- 모든 실험 영상 QR 수록
- 한 가지 주제에 대한 다양한 탐구보고서

영재성검사 창의적 문제해결력 모의고사 시리즈 ⑥

- 영재교육원 기출문제
- 영재성검사 모의고사 4회분
- 초등 3~6학년, 중등

영재 사고력 수학
단원별·유형별
시리즈

전국 각종 수학경시대회 완벽 대비

대학부설·교육청 영재교육원 창의적 문제해결력 검사 **대비**

창의사고력 + 융합사고력 + 수학사고력 동시 **향상**